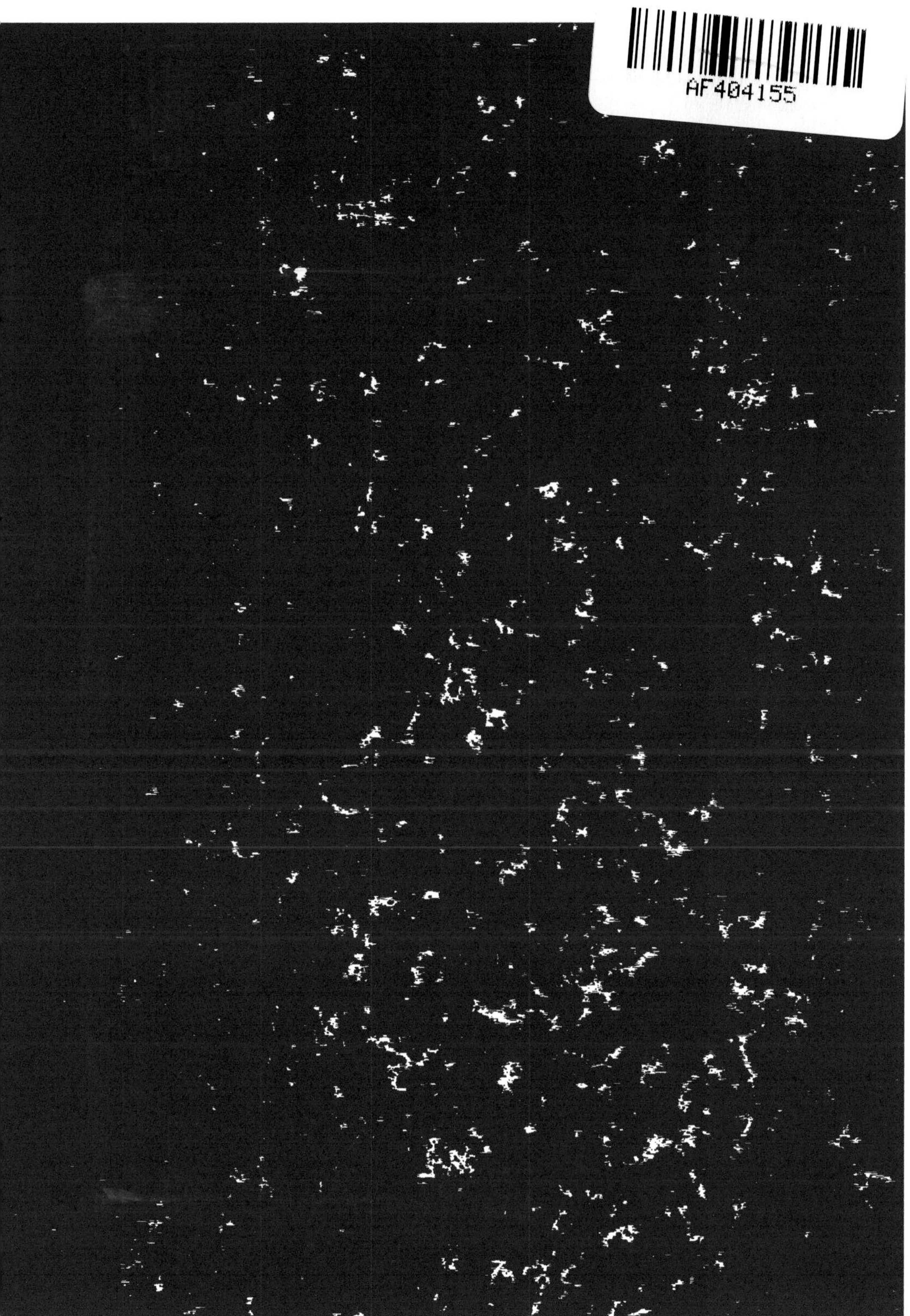

MINISTÈRE DES TRAVAUX PUBLICS

ÉTUDES

DES

GITES MINÉRAUX

DE LA FRANCE

PUBLIÉES SOUS LES AUSPICES DE M. LE MINISTRE DES TRAVAUX PUBLICS
PAR LE SERVICE DES TOPOGRAPHIES SOUTERRAINES

BASSIN HOUILLER ET PERMIEN

D'AUTUN ET D'ÉPINAC

FASCICULE I

STRATIGRAPHIE

PAR

M. DELAFOND

AVEC UNE CARTE GÉOLOGIQUE AU $\frac{1}{40.000}$

PAR

MM. MICHEL-LÉVY, DELAFOND ET RENAULT

EN VENTE CHEZ

BAUDRY ET Cᴵᴱ, ÉDITEURS

DU SERVICE DE LA CARTE GÉOLOGIQUE DÉTAILLÉE DE LA FRANCE

15, rue des Saints-Pères, Paris

1889

BASSIN HOUILLER ET PERMIEN

D'AUTUN ET D'ÉPINAC

MINISTÈRE DES TRAVAUX PUBLICS

ÉTUDES

DES

GITES MINÉRAUX

DE LA FRANCE

Publiées sous les auspices de M. le Ministre des travaux publics
par le Service des Topographies souterraines

BASSIN HOUILLER ET PERMIEN

D'AUTUN ET D'ÉPINAC

FASCICULE I

STRATIGRAPHIE

PAR

M. DELAFOND

AVEC UNE CARTE GÉOLOGIQUE AU $\frac{1}{40.000}$

PAR

MM. Michel-Lévy, Delafond et Renault

PARIS

MAISON QUANTIN

7, RUE SAINT-BENOIT

1889

INTRODUCTION

Le bassin d'Autun a été déjà, dans le passé, l'objet de diverses publications, parmi lesquelles nous citerons les suivantes :

Élie de Beaumont et Dufrénoy lui consacrèrent, dans leur Explication de la carte géologique de la France, une place importante; ils s'attachèrent notamment à démontrer que les schistes bitumineux devaient être rattachés au terrain houiller et non au Zechstein, comme le pensaient Rozet et l'abbé Landriot [1].

Une étude détaillée fut publiée en 1844, par M. Manès, ingénieur en chef des mines à Chalon-sur-Saône [2]; les schistes bitumineux furent également, par cet auteur, rattachés au terrain houiller. Cet ouvrage, excellent pour l'époque à laquelle il parut, peut encore être utilement consulté aujourd'hui.

En 1847, M. Manès donnait de nouveau une description du bassin d'Autun dans son ouvrage intitulé : *Statistique minéralogique, géologique et minéralurgique du département de Saône-et-Loire* [3].

Les feuilles d'Autun et de Château-Chinon, publiées en 1881 et 1883 par le service de la Carte géologique de France, contenaient les districts du Centre et de l'Ouest du bassin; seule, la région de l'Est, située sur la feuille de Beaune, n'a pas encore paru.

1. *Explication de la Carte géologique de la France*, 1841, t. I, p. 669 à 683.
2. *Mémoire sur les bassins houillers de Saône-et-Loire*.
3. *Statistique minéralogique, métallurgique et minéralurgique du département de Saône-et-Loire*, p. 99 à 104.

1

Il a semblé qu'il serait utile, vu l'importance et l'intérêt présentés par le bassin d'Autun, d'en faire l'objet d'une publication spéciale et détaillée avec carte à grande échelle. Aussi M. Jacquot, inspecteur général des mines, directeur des services de la Carte géologique de la France et des Topographies souterraines, décida-t-il qu'il y avait lieu d'entreprendre ce travail dont il nous confia l'exécution. Les résultats de nos études et explorations forment l'objet de la présente publication.

La carte, à l'échelle de 1/40000°, a été dressée par M. Michel Lévy pour les terrains antérieurs au Houiller, et par M. Delafond pour les autres terrains. Il a été largement tiré profit, dans le tracé des contours, des résultats obtenus par M. Renault dans l'étude des flores houillère et permienne.

Le texte a été rédigé, pour la partie stratigraphique, par M. Delafond, et pour la partie botanique, par MM. Zeiller et Renault.

Nous avons d'ailleurs été aidés dans notre tâche par les documents que nous ont obligeamment fournis les directeurs des mines de l'Autunois, notamment MM. Auguste Roche, Émile Roche, Bayle, Nougarède, Aymard et Chubilleau.

Enfin, nous avons utilisé aussi diverses publications récemment parues, et tout spécialement les divers mémoires de M. Albert Gaudry, membre de l'Institut, sur les Reptiles du bassin d'Autun.

CHAPITRE PREMIER

PRÉLIMINAIRES

L'étude géologique du bassin d'Autun est particulièrement difficile; les travaux d'exploration ont été relativement peu développés, plusieurs d'entre eux sont anciens et les documents qui les concernent sont fort incomplets.

A cette insuffisance des travaux souterrains vient s'ajouter un autre obstacle très sérieux, c'est le recouvrement de la presque totalité du bassin par des terrains d'alluvions ou des forêts et, par suite, l'absence de coupes naturelles.

Nous ne sommes donc pas en mesure actuellement de résoudre tous les problèmes, aussi nombreux que variés, que soulève l'étude des terrains houiller et permien de l'Autunois; cependant il nous a paru utile de résumer l'état présent de nos connaissances, en laissant à l'avenir le soin de combler les lacunes que nous signalerons, et de modifier les hypothèses que nous serons conduit à formuler.

CONSIDÉRATIONS GÉNÉRALES

Orographie.

Le bassin d'Autun a grossièrement la forme d'un triangle irrégulier dont la base serait une ligne de 32 kilomètres de longueur, allant du Moulin de la Chauvotte près de Verrière à Ressille (Épinac) et, dont le sommet serait situé entre Igornay et Reclesne ; la hauteur de ce triangle serait d'environ 10 kilomètres. La superficie totale est approximativement de 246 kilomètres carrés.

Le bassin est complètement fermé par une ceinture de terrains anciens, au milieu desquels il forme une vaste dépression constituée, pour la plus grande partie, par des plaines situées à l'altitude moyenne de 300 à 350 mètres. Au milieu de ces plaines surgissent seulement le mamelon de Muse, allant du Molloy à la rive gauche de l'Arroux en face de Cordesse, et le mamelon de Curgy allant de Saint-Symphorien près Autun, à Vevrotte près d'Epinac. Il convient de signaler aussi que, sur la bordure Est et principalement sur la bordure Sud, les terrains houiller et permien adossés contre les massifs anciens, s'élèvent parfois à des altitudes importantes, qui, dans certains cas, peuvent atteindre une cote voisine de 500 mètres (concessions de Sully et de Pauvray).

Une seule colline présente une orientation nette, c'est celle de Muse ; elle est dirigée Est-Ouest.

Hydrographie.

Les cours d'eau sont nombreux ; le bassin constituant une dépression au milieu des terrains anciens, tous les ruisseaux ou rivières des montagnes qui forment la lisière viennent y déboucher. Ils se réunissent finalement dans la rivière d'Arroux qui va se jeter dans la Loire, après avoir traversé un autre grand bassin houiller et permien, celui de Blanzy et du Creuzot.

Les principaux affluents de l'Arroux dans le bassin d'Autun sont : la Selle, le Ternin, la Canche et la Drée.

L'Arroux, la Canche et la Drée présentent des directions fort variables ; mais la Selle et le Ternin sont parallèles et nettement dirigés Nord-Ouest ; cet alignement, qui est aussi celui du ruisseau de la grande Verrière, se retrouve, comme nous le verrons plus tard, dans les principaux accidents qui affectent le terrain permien.

Le bassin d'Autun renferme les deux grandes formations houillère et permienne que nous étudierons successivement.

Le présent ouvrage étant spécialement consacré à la description du Houiller et du Permien, nous n'entreprendrons pas l'étude détaillée des terrains anciens de la bordure, étude qui ne pourra être utilement abordée que dans un travail d'ensemble sur le Morvan.

Terrains anciens
de
la bordure.
Gîtes
d'anthracite.

La Carte fournit à ce sujet les indications nécessaires. Cependant, nous croyons devoir dire quelques mots des gisements d'anthracite qui accompagnent les tufs orthophyriques ; ils ont en effet fourni une flore intéressante décrite dans la partie botanique du présent ouvrage.

A la partie supérieure des tufs orthophyriques apparaissent des gîtes de charbons anthraciteux, associés à des schistes noirâtres et à des grès gris ou verdâtres à éléments porphyriques ; les schistes sont parfois silicifiés et constituent alors de véritables lydiennes.

Cés gîtes ont été l'objet de travaux d'exploration ou d'exploitation, à Colonge (Reclennes), à Esnot (Sommant), à Polroy (La Selle) et aux Pannaux (Tavernay).

A Colonge, on a pratiqué jadis un puits et une galerie qui n'ont rencontré que des veinules insignifiantes.

A Esnot, on avait, dès 1812, d'après Manès, constaté la présence du charbon. En 1825, puis en 1838, on opéra de nouvelles explorations qui furent bientôt abandonnées comme peu fructueuses. De nombreux petits puits avaient été foncés.

A Polroy, la couche anthraciteuse affleure près de la route d'Autun à la Selle ; elle a été successivement explorée par descenderie ou par petits puits, en 1825, 1836, 1857 et 1885. On a reconnu une couche d'allure assez irrégulière pouvant atteindre en certains points 1^m,50 de puissance, mais généralement divisée par une barre de grès d'épaisseur variable.

Une analyse, faite à l'École supérieure des Mines a donné :

Matières volatiles.	8,40
Carbone fixe.	73,20
Cendres argileuses et siliceuses.	18,40

Près de l'étang des Pannaux, deux puits, ayant respectivement 23 et 43 mètres de profondeur, ont découvert, en 1857, trois couches irrégulières, dont une, d'ailleurs très barrée, avait parfois une épaisseur de $2^m,50$; elle dégageait du grisou.

Une concession a été, le 1er février 1880, instituée sur les gîtes de Polroy et des Pannaux.

CHAPITRE II

TERRAIN HOUILLER

Le terrain houiller de l'Autunois appartient à la formation houillère supérieure; il comprend trois étages de puissance et de composition dissemblables :

A la base, l'étage schisteux et charbonneux d'Épinac;

Au milieu, le puissant étage stérile des Grès et poudingues;

Au sommet, l'étage charbonneux du Molloy.

§ 1. — *Étage inférieur.*

L'étage inférieur est connu seulement dans la concession d'Épinac; il apparaît sur la lisière Est du bassin, mais son affleurement ne présente qu'une longueur assez restreinte (1,500 mètres environ).

Il offre une constitution fort variable; cependant on peut dire qu'il renferme essentiellement des grès fins et des schistes avec houille subordonnée; ce n'est qu'exceptionnellement qu'il contient des bancs de poudingues.

Nous avons reproduit (pl. I, fig. 1 à 8) les coupes des principaux puits des houillères d'Épinac[1] (puits Fontaine-Bonnard, puits du Curier,

Constitution de l'étage inférieur.

1. Nous avons dans ces coupes, comme d'ailleurs dans toutes celles insérées, maintenu aussi exactement que possible les désignations adoptées par les exploitants, de façon à ce qu'il ne puisse pas nous être reproché de faire cadrer les faits avec les théories formulées.

puits Sainte-Barbe, puits Hagerman, puits Micheneau, puits de la Garenne, puits Hottinguer, puits Saint-Pierre).

Nous donnons également (pl. I, fig. 9), les coupes du faisceau charbonneux de divers autres puits (puits des Tréchards n° 4, puits de l'Ouche, Puits des Souachères, puits du Bois, puits du Domaine).

Nombre
des
couches de houille.

Ces coupes montrent combien est variable la constitution de l'étage charbonneux.

Ainsi, aux puits des Souachères et de Fontaine-Bonnard, il n'existe qu'une seule couche puissante de 8 à 10 mètres avec une ou deux barres peu épaisses; cette même couche devient beaucoup plus barrée aux puits de l'Ouche et des Tréchards n° 4, mais elle y conserve encore une épaisseur notable; au puits Hottinguer, on peut également, en négligeant les veinules insignifiantes rencontrées au toit et au mur, considérer le gîte comme constitué par une couche unique, mais cette dernière n'a plus qu'une épaisseur de 4 mètres; le puits de la Garenne a recoupé trois couches dont la plus importante est divisée par des barres; les puits du Curier et Hagerman ont reconnu quatre couches; enfin, le puits Micheneau a constaté l'existence de cinq couches.

Épaisseur
de la formation
renfermant
les
couches de charbon.

L'épaisseur de la formation renfermant les couches, veines et veinules de charbon, varie également dans de larges limites indiquées par le tableau ci-dessous :

Puits Souachères, Hottinguer, Fontaine-Bonnard,
    Ouche, Tréchards n° 4 . . . .   8 à 15 mètres.
Puits du Bois, du Domaine . . . .   17 à 18   —
Puits Hottinguer . . . .   25 à 28   —
Puits Hagerman, Garenne, Curier . . . .   30 à 35   —
Puits Micheneau   50   —

Variations
de
l'épaisseur totale
des
couches de houille.
Zones
d'étranglement.

L'épaisseur totale des couches de houille, barres déduites, subit également d'importantes variations. Si on suit le gîte en allant de l'Est à l'Ouest, on observe que la puissance, maximum aux affleurements, va en diminuant à mesure qu'on s'avance vers l'Ouest. Ainsi, aux Souachères, elle est de

9ᵐ,90; elle s'abaisse à 7ᵐ,20 à Hagerman; elle n'est plus que de 5ᵐ,15 à Micheneau, et se réduit à l'Ouest de ce puits, au point de rendre les gîtes inexploitables.

A Fontaine-Bonnard, elle est de 9ᵐ,60; elle est encore de 8ᵐ,50 au puits de la Garenne; mais, à l'Ouest de ce puits, les gisements s'amincissent très rapidement et deviennent inexploitables.

Aux Tréchards, elle était de 8ᵐ,10, tandis qu'à peu de distance, à l'Ouest, les couches se stérilisent.

Ces variations ne sont pas les seules qui affectent le gisement; si on étudie ce qui se passe suivant la direction Nord-Sud, on remarque que la puissance, qui est à peu près maximum suivant une ligne partant du puits Fontaine-Bonnard et passant à mi-distance des puits Hagerman et Garenne, va en diminuant progressivement à mesure qu'on s'éloigne de ladite ligne, pour aboutir, au Nord et au Sud, à de véritables étranglements.

La coupe du puits Saint-Pierre montre ce qu'est devenu le gîte dans la région des étranglements Nord.

Dans le quartier du puits Hottinguer situé au delà de l'étranglement Sud, on constate la présence de lambeaux de houille disposés en chapelet; les lentilles rencontrées jusqu'à ce jour ont des dimensions très restreintes, et le gîte y a généralement, en outre, une puissance réduite.

Le plan figuré par la planche II, sur lequel ont été tracées les limites du champ d'exploitation, met bien en évidence cette dégénérescence des couches au Nord, au Sud et à l'Ouest.

Au delà de la ligne d'appauvrissement Nord, on a tenté des recherches infructueuses par le puits Saint-Pierre, le puits du Domaine et le puits Micheneau.

Au delà de la ligne d'appauvrissement Sud, on pratique actuellement des recherches simultanées par le puits de la Garenne et le puits Hottinguer; ces explorations n'ont pas encore, malgré leur développement, rencontré de gîtes susceptibles d'une exploitation avantageuse.

La largeur de l'étranglement dans la région Hottinguer dépasserait ainsi 500 mètres.

Le serrement Ouest a été également exploré sans succès, tant par le puits de la Garenne que par le puits Hottinguer.

Le gîte d'Épinac a donc sensiblement, dans les parties exploitables connues, la forme d'un parallélogramme constitué, à l'Est, par les affleurements, au Sud, au Nord et à l'Ouest par les lignes d'appauvrissement précitées. Nous avons, sur le plan mentionné ci-dessus, figuré approximativement ces lignes d'étranglement.

Subdivision des couches. Les travaux d'exploitation ont montré que les couches distinctes rencontrées par divers puits se reliaient aux amas reconnus dans la région des affleurements (Fontaine-Bonnard, Souachères, Ouche et Tréchards). Ces amas correspondraient à l'ensemble des couches, et résulteraient de la disparition ou de l'amincissement des bancs, généralement formés de grès schisteux, qui séparent les divers gîtes.

Bien que la façon dont s'opère cette subdivision des couches ne soit pas encore parfaitement connue, on peut dire que la couche n° 1 se détache la première du faisceau, et qu'elle est distincte dans la plus grande partie du champ d'exploitation ; il serait même possible que cette couche se divisât elle-même dans la région du puits Micheneau et du puits de la Garenne, et qu'elle correspondît ainsi aux deux petites couches rencontrées par ces puits.

Telle est du moins l'hypothèse actuellement admise par les exploitants.

La couche n° 2 se sépare plus loin; enfin la couche n° 3 devient distincte seulement dans la partie Nord du champ d'exploitation.

La figure 1 représente d'une manière approximative la façon dont paraît s'opérer cette division des couches dans les régions où les gîtes sont le mieux connus.

Caractères distinctifs des diverses couches. Les diverses couches ne présentent pas de caractères distinctifs bien nets; aussi est-on souvent fort embarrassé dans la conduite des travaux souterrains.

La preuve de cette difficulté est fournie par les changements qu'ont plusieurs fois apportés les exploitants dans leur classification.

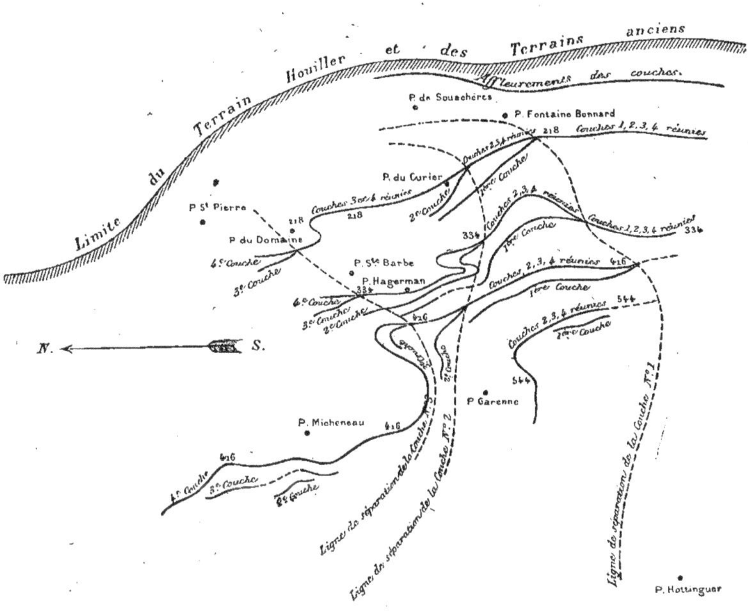

Fig. 1. — Plan faisant connaître le mode de subdivision des couches.

Échelle de 1/20.000e.

Les cotes sont prises par rapport à un plan situé à 100 mètres au-dessus du sol de la galerie de Ressille.

Les seuls caractères qu'on puisse mentionner sont les suivants :

Couche n° 1. — Le charbon renferme une forte proportion de fusain qui lui donne un aspect terne et le rend peu propre à la fabrication du coke.

Dans les parties où elle est le mieux représentée, la couche offre la coupe suivante (fig. 2) :

Le mur, avec ses empreintes de calamites extrêmement abondantes, constitue un bon repère. Cette couche est inexploitable dans la région du puits Micheneau.

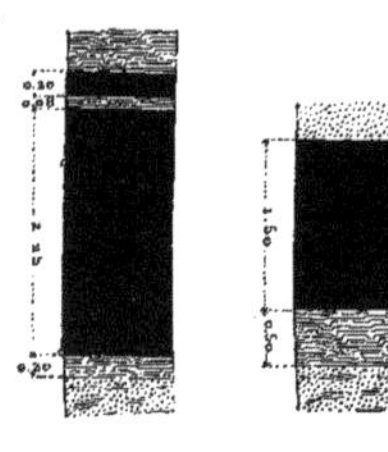

Fig. 2.   Fig. 3.

Couche n° 2. — Elle est constituée par du charbon pur et brillant, sans intercalation de nerfs stériles. On peut admettre en moyenne la coupe ci-contre (fig. 3) :

C'est principalement dans la région des puits du Curier et Hagerman que cette couche est le mieux développée.

Couche n° 3. — Le charbon est brillant et assez pur ; la couche est divisée par une barre argileuse blanchâtre désignée à Épinac sous le nom de « séparation blanche ». La coupe ci-contre (fig. 4) représente sa constitution la plus habituelle :

Couche n° 4. — Le charbon est de bonne qualité; la couche est divisée par une barre de grès grisâtre. Elle présente en moyenne la coupe suivante (fig. 5) :

Malheureusement ces caractères, déjà assez peu nets par eux-mêmes, ne se maintiennent pas dans toute l'étendue du gisement. Il suffit, pour s'en convaincre, d'examiner les coupes de puits fournies ci-dessus; on reconnaîtra que l'irrégularité est le caractère dominant des couches d'Épinac.

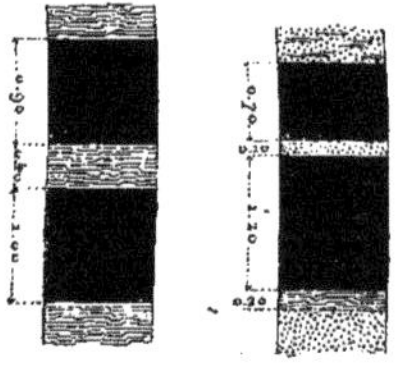

Fig. 4.   Fig. 5.

On constate d'une manière très nette à Épinac que la teneur en matières volatiles va en diminuant avec la profondeur. D'après les renseignements qui nous ont été communiqués par les exploitants, on peut admettre les résultats suivants :

Jusqu'à 200 mètres de profondeur, la teneur moyenne en matières volatiles est de 29,50 0/0; de 200 à 300 mètres, elle est de 27,40 0/0; de 300 à 400 mètres, elle est de 23,50 0/0; de 400 à 500 mètres, elle est de 21,40 0/0; de 500 à 600 mètres, elle n'est plus que de 19 0/0; enfin de 600 à 650 mètres, elle descend à 18,10 0/0. Les quartiers supérieurs de la mine donnent donc des charbons flambants, les quartiers les plus inférieurs fournissent des charbons très maigres; c'est seulement dans les étages moyens qu'on trouve des combustibles particulièrement aptes à la fabrication du coke.

Les exploitants admettent qu'à partir de 200 mètres, la teneur en matières volatiles diminue d'environ 3 0/0 pour chaque centaine de mètres de profondeur.

Il n'a pas été fait d'observations sur la façon dont varie en direction la nature des combustibles; il faut ajouter que les travaux d'Épinac ne sont pas assez étendus dans le sens de l'allongement des couches pour permettre de constater des variations notables.

Il convient encore de faire remarquer que les zones d'étranglement ou d'appauvrissement correspondent non seulement à un amincissement du gîte, mais encore à une très notable augmentation de la teneur en cendres, qui peut dans ce cas atteindre ou même dépasser 25 0/0.

Dans la région Fontaine-Bonnard, il existe au-dessus des couches une épaisse formation de schistes reconnue par les puits de la Pompe, de l'Ouche, et Fontaine-Bonnard; en ce dernier point, elle atteint une trentaine de mètres. Au puits Hottinguer ces schistes sont encore plus puissants; ils ont jusqu'à 60 ou 70 mètres.

On retrouve des schistes, mais beaucoup moins développés, au-dessus du faisceau charbonneux de la Garenne et de Micheneau. Ils ne sont représentés que par des assises absolument insignifiantes aux puits du Curier, Hagerman et Sainte-Barbe.

Au-dessus des schistes, on rencontre dans tous les puits un premier banc de poudingues de 5 à 6 mètres d'épaisseur, qui paraît former un horizon assez constant. Ces poudingues se rattachent à la grande formation des grès et poudingues qui constituent l'étage moyen du terrain houiller, et c'est le mur de cette assise que nous avons assigné comme limite à l'étage inférieur.

Assises situées au mur du faisceau charbonneux.

Le mur du faisceau charbonneux est formé par des grès le plus souvent schisteux, qui reposent sur les terrains anciens, généralement les tufs porphyriques (roche verte des mineurs d'Épinac). Toutefois, il est probable qu'on a considéré parfois comme roche verte des grès qui sont constitués par les débris de cette dernière et appartiennent au terrain houiller.

La coupe du puits Saint-Pierre montre qu'au-dessous de la prétendue roche verte rencontrée existent encore des schistes qui ne sauraient être que houillers, de telle sorte qu'il n'est pas certain que le fonçage soit arrivé au tuf porphyrique. La même observation peut être présentée pour d'autres puits.

Nous ne saurions donc, en l'état, faire connaître pour chaque puits, la distance qui sépare le faisceau charbonneux du tuf porphyrique. En tout cas, on peut dire que cet intervalle n'est jamais bien important, et qu'en somme, les couches de houille d'Épinac occupent sensiblement la base de la formation.

Épaisseur de l'étage inférieur.

Nous ne pouvons, par les motifs qui viennent d'être indiqués, indiquer exactement pour chaque puits l'épaisseur de l'étage inférieur du terrain houiller.

Nous nous bornerons à dire qu'elle varie vraisemblablement entre 50 et 120 mètres ; elle est la plus faible dans la région des affleurements et s'accroît du côté de l'Ouest. Elle dépasse 70 mètres au puits Micheneau, et 100 mètres au puits Hottinguer.

Districts occupés par l'étage inférieur.

Les affleurements de l'étage inférieur ne sont connus qu'à l'Est d'Épinac, des Tréchards aux Souachères. Au Sud des Tréchards, ils disparaissent sous le Trias, mais cette couverture triasique n'a qu'une faible étendue, et déjà dans la tranchée du chemin de fer, près du Moulin de la Pierre, on ne trouve plus de représentant de l'étage charbonneux. En suivant ensuite la lisière Sud, on ne constate nulle part l'affleurement de cette zone ; le terrain primitif est directement en contact, soit avec le Houiller moyen, soit avec le Houiller supérieur.

Au Nord des Souachères, on ne rencontre pas non plus d'affleurements du faisceau houiller d'Épinac ; le sondage dit de Micheneau, situé à 150 ou

200 mètres environ de la bordure, est descendu à 120 mètres de profondeur
sans rencontrer autre chose que les assises du Houiller moyen, tandis
qu'il devait, d'après les prévisions des explorateurs, prévisions basées sur
l'allure du gîte d'Épinac dans les parties connues au Sud, rencontrer le
faisceau charbonneux à la profondeur d'environ 40 mètres. Sur aucun autre
point de la bordure Nord l'étage inférieur ne paraît affleurer ; les terrains
anciens sont en contact, soit avec le Houiller moyen, soit avec le Houiller
supérieur, soit avec le Permien.

Les travaux souterrains exécutés aux houillères d'Épinac ont mis en
évidence le double fait suivant : rareté des failles, prédominance à peu près
exclusive des plissements.

Les failles rencontrées sont en effet peu nombreuses, et elles n'ont
jamais qu'une faible amplitude ; les rejets les plus importants signalés
(puits Hagerman et de la Garenne) ne dépassent pas 10 à 15 mètres.

En revanche, le gîte est affecté par de nombreux plis synclinaux et
anticlinaux [1], sur lesquels il nous paraît utile de donner quelques détails
circonstanciés.

A l'effet de mettre mieux en évidence ces plissements, nous avons
figuré sur un plan (pl. II) des courbes de niveau tracées tous les 25 mètres
dans la couche la plus inférieure. Nous fournissons également ci-contre
cinq coupes (fig. 6, 7, 8, 9, 10), dont quatre sont dirigées sensiblement de
l'Est à l'Ouest, et une dirigée à peu près du Nord au Sud.

Ces plans et coupes montrent d'abord que les couches sont relevées
contre le massif des terrains anciens de la bordure Est, et que le redressement est plus considérable dans la région Sud que dans la région
Nord.

Dans le quartier des Tréchards, la pente des gîtes dépasse, sur certains
points, 45° et atteint jusqu'à 50°; dans la région comprise entre Fontaine-
Bonnard et les Tréchards, le relèvement est encore assez accentué, la pente

---

1. En termes usuels des mines, on appelle les plis synclinaux « des fonds de bateau » et les plis
anticlinaux « des selles ou dos d'âne ».

aux affleurements est de 30° à 35°; aux Souachères, l'inclinaison est moindre, elle n'est que de 15° à 20°.

Ces documents mettent, en outre, en évidence les plissements suivants :

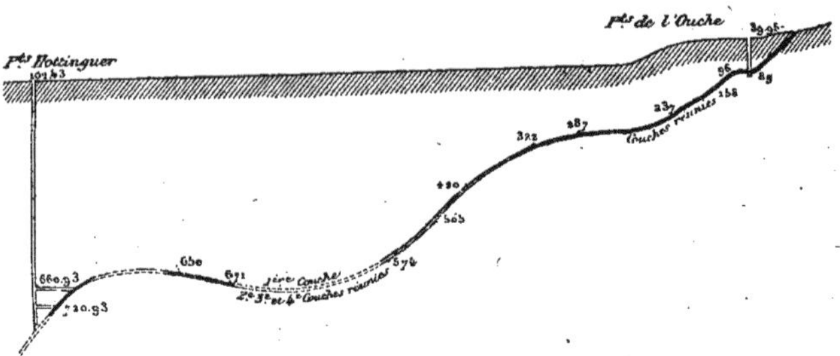

FIG. 6. — Coupe passant par les puits Hottinguer et de l'Ouche.
Échelle de 1/20.000.

Le quartier des Souachères est séparé de ceux de Fontaine-Bonnard et du Curier par une zone d'étranglements qui résulte d'un plissement du gîte. On a constaté, en effet, par les travaux des Souachères, l'existence d'un fond

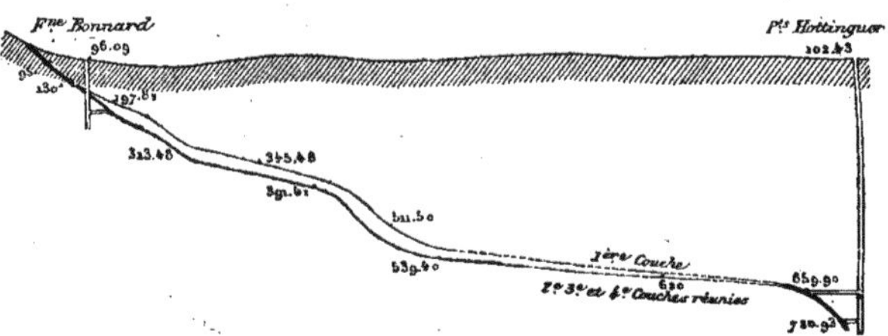

FIG. 7. — Coupe passant par les puits de Fontaine-Bonnard et Hottinguer.
Échelle de 1/20.000.

de bateau se relevant à l'Ouest, du côté des travaux du puits du Bois. Nous avons figuré approximativement le pli synclinal des Souachères et le pli anticlinal du puits du Bois. Le synclinal des Souachères va en diminuant du côté du Sud; il n'est plus représenté au puits de l'Ouche que par une plateure. Un pli anticlinal se dessine à l'Ouest du précédent dans la région des puits du Domaine, Sainte-Barbe et Hagerman; il est connu jusqu'à 400 mètres environ au Sud de ce dernier puits; il aboutit ensuite à une région encore inexplorée.

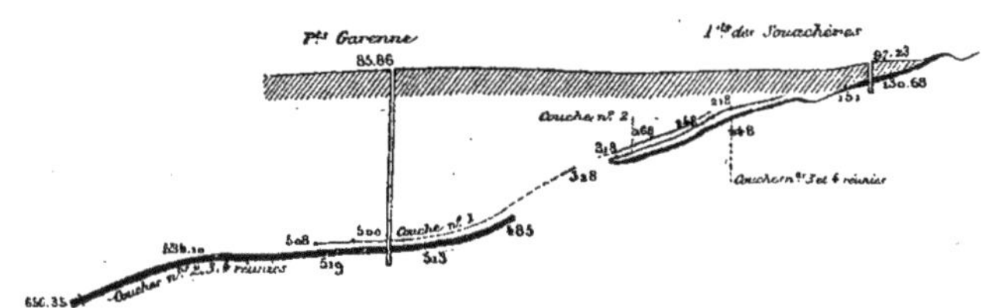

Fig. 8. — Coupe passant par les puits Garenne et Souachères.
Échelle de 1/20.000

Entre l'anticlinal du puits du Bois mentionné ci-dessus et ce dernier anticlinal, qu'on peut appeler anticlinal du puits du Domaine, existe un synclinal situé à peu de distance à l'Est des puits Sainte-Barbe et Hagerman.

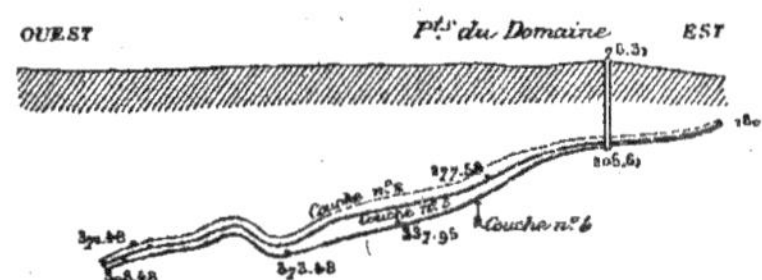

Fig. 9. — Coupe Est-Ouest passant par le puits du Domaine.
Échelle de 1/20.000.

Ce pli, qui a correspondu à une belle partie du gîte, a été désigné par les exploitants sous le nom de golfe d'Hagerman.

A l'Ouest de l'anticlinal du puits du Domaine, se dessine un synclinal important, qui commence à apparaître au Nord, entre les puits Micheneau et Sainte-Barbe, et va en s'accentuant du côté du Sud. Ce pli synclinal

3

constitue, surtout dans son versant Est, une des plus belles parties du gisement d'Épinac.

Ce synclinal est accompagné d'un anticlinal qui passe tout près des puits Micheneau, Garenne et Hottinguer; c'est ce plissement qui détermine, dans la région de la Garenne, la brusque déviation à angle droit survenue dans la direction des couches qui prennent l'orientation Est-Ouest sur un assez long parcours.

Cet anticlinal, qu'on peut appeler anticlinal de la Garenne, et qui a donné encore de beaux quartiers d'exploitation, doit être suivi, à l'Ouest,

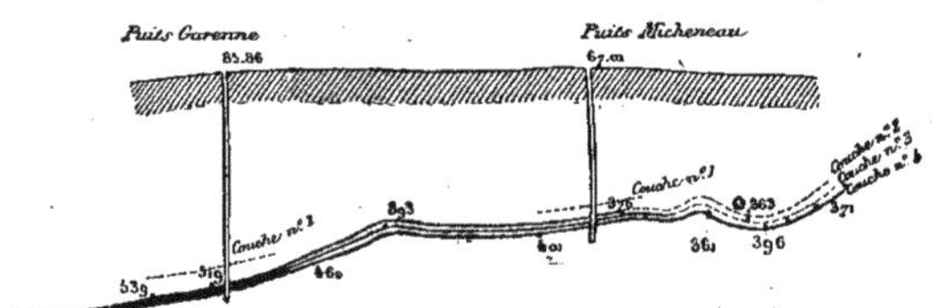

Fig. 10. — Coupe passant par les puits Garenne et Micheneau.
Échelle de 1/20.000.

d'un synclinal dont les galeries d'exploration pratiquées par les puits Hottinguer et Garenne dessinent le versant oriental.

Il est même probable que le contournement brusque avec direction Est-Ouest, que subissent à leur extrémité Nord les galeries du puits Micheneau, correspond à l'existence d'un nouvel anticlinal.

Nous avons figuré sur le plan ces divers anticlinaux et synclinaux, y compris ceux hypothétiques situés à l'Est du puits Micheneau.

Nous avons admis, comme hypothèse vraisemblable, que le synclinal n° 3 s'infléchissait brusquement Est-Ouest pour aller passer près du puits Saint-Pierre. Les coupes passant par les puits du Domaine et Saint-Pierre montrent en effet qu'il y a un petit fond de bateau entre ces deux puits, circonstance qui a fait recouper les gîtes, à Saint-Pierre, à une profondeur plus grande que celle prévue.

L'examen du plan ci-contre conduit aux conclusions suivantes :

1° Il y a indépendance complète entre les zones de plissement et les grandes zones d'étranglement des couches; ces dernières sont, dans les régions du Nord et du Sud, presque normales aux directions des plissements;

2° Les courbes de niveau ne suivent pas dans la région Nord les inflexions de la ligne de contact du terrain houiller et des terrains anciens; on est donc conduit à penser que ces courbes, du moins celles dont les cotes sont les plus faibles, viennent buter contre les terrains anciens. Nous avons, dans cette hypothèse, figuré la façon dont pourrait se terminer la courbe du niveau de 75 mètres. Cette conclusion serait d'ailleurs d'accord avec l'observation faite plus haut, relativement à un moindre relèvement des couches dans la région Nord que dans la région Sud;

3° Les lignes des plissements qui étaient, dans la partie médiane du champ d'exploitation, grossièrement orientées Nord-Sud, comme la lisière des terrains anciens des Tréchards à Souachères, se retournent dans les quartiers du Nord et paraissent se diriger à angle droit sur la nouvelle direction de la bordure du bassin ;

4° Les plissements, qui ne sont généralement pas d'ailleurs fortement accentués, vont en diminuant d'importance dans la région Nord; le relief des couches y est moins accidenté;

5° L'inclinaison générale du gîte est moindre dans la région Nord que dans la région Sud; la pente moyenne des couches, du Domaine à Miche-neau, est seulement en effet de 11° à 12°, tandis que des Tréchards à Hottin-guer elle est de 18° à 20°.

La rareté des failles, leur amplitude toujours minime, la prépondé-rance des plissements, ne sont pas un fait spécial aux couches de houille d'Épinac. On retrouve les mêmes circonstances à Ronchamp, au Creuzot et à Rive-de-Gier; M. Grand'Eury a, pour ce dernier bassin, mis ce résultat nettement en évidence. Il semble qu'il en est généralement ainsi pour les couches de combustible situées à la partie inférieure des formations houillères; ces couches épousent, en s'étirant et en se plissant, les inéga-lités des terrains anciens. Les fractures qui se produisent dans ces derniers ne se poursuivent pas dans les assises houillères, qui s'allongent, ou se compriment, de manière à se modeler suivant les inégalités du sous-sol sur lequel elles reposent.

Rappelons incidemment que M. Lory a admis que, dans la région des Alpes, le Trias et le Lias se comportaient d'une façon analogue à l'égard des terrains anciens.

Nous verrons ultérieurement que, dans les formations plus superficielles du Permien, on observe de grandes failles correspondant parfois à d'énormes rejets, tandis qu'au contraire les plissements y sont rares.

Ces faits peuvent s'expliquer aisément. On sait, en effet, que les solides sont susceptibles, comme les liquides, de donner lieu à des phénomènes d'écoulement; lorsqu'ils sont soumis à des pressions élevées, ils deviennent plastiques. Si donc des efforts, tendant à provoquer une torsion ou un déplacement, se produisent sur des couches de houille situées à des profondeurs notables, et par suite recouvertes de formations épaisses provoquant par leur poids et leur cohésion une compression énergique, ces couches pourront se plisser, se laminer, se déformer sans se briser. Si, au contraire, ces efforts s'exercent sur des couches peu distantes de la surface et non comprimées, elles se briseront, subiront des déplacements partiels et donneront naissance à des failles.

Si ces considérations sont exactes, on doit, dans les travaux souterrains, constater que les couches de houille sont actuellement encore fortement comprimées. C'est précisément ce qu'il est facile de vérifier à Épinac.

On remarque, en effet, lorsqu'on pratique une galerie de mine, que les premiers moyens de soutènement sont rapidement mis hors de service ; les bois sont rompus, la galerie *force* à la fois au toit, au sol et aux parements; mais, au bout d'un certain temps, les galeries se maintiennent au contraire sans difficulté.

Les terrains qui étaient comprimés se desserrent en s'écoulant dans le vide créé, et une fois ce desserrage effectué, ils n'exercent plus de pression notable sur les boisages; les phénomènes se passent comme si on avait affaire à des ressorts qui se détendent.

On constate aussi que les premiers chantiers créés dans les couches donnent du charbon très menu, très brisé ; on n'obtient de gros morceaux de houille que lorsque l'existence de vides suffisants a permis au charbon de se détendre.

Les considérations que nous venons d'exposer conduisent à une intéressante conclusion, c'est que, dans le bassin d'Autun, les failles observées à la surface doivent avoir des allures différentes en profondeur, et se transformer progressivement en plissements ou plutôt en étirements. C'est d'ailleurs, nous devons le rappeler, l'hypothèse déjà admise par M. Grand'-Eury pour le bassin de la Loire.

Il n'entre pas dans le cadre de notre étude de décrire en détail les travaux d'exploitation pratiqués sur les gisements d'Épinac. Ces travaux sont, en effet, soumis à des variations incessantes, et leur description ne pourrait avoir qu'un intérêt essentiellement temporaire et momentané.

Travaux d'exploitation.

Nous nous bornerons donc à présenter quelques considérations très sommaires.

L'extraction de la houille à Épinac remonte au siècle dernier (1774) ; une concession a été instituée dès 1805 ; elle a été légèrement modifiée en 1841. Les premiers chantiers furent ouverts sur les affleurements, aux hameaux de Ressille et des Tréchards, par les puits de l'Ouche, de Saône, du Cerisier et des Tréchards.

Les travaux furent successivement approfondis, et on creusa alors les puits de Fontaine-Bonnard et de Souachères ; on exécuta également la grande galerie à travers bancs de Ressille.

On fonça plus tard de nombreux puits : puits du Bois, puits de la Pompe, puits du Curier, puits du Domaine, puits Sainte-Barbe, puits Saint-Pierre, puits Hagerman, puits Micheneau et puits de la Garenne. Tous ces ouvrages sont anciens ; le plus récent, le puits de la Garenne, entrait déjà en exploitation en 1851.

Plus récemment, on entreprit sur la lisière Sud les importantes mais infructueuses recherches des puits François-Mathieu, Caulet, puits n° 3 et puits Mallet, dont nous donnerons la coupe plus loin.

Enfin, la série des explorations se termine par les puits Lestiboudois et Hottinguer. Le premier a été arrêté à la profondeur de 302^m,50, avant d'avoir rencontré le faisceau charbonneux. Le second a recoupé en 1871, par un travers banc au niveau de 618^m,50, le gîte houiller. Les explorations pratiquées depuis cette époque n'ont pas encore fourni de résultats décisifs. C'est sur ce puits qu'a été installé l'appareil fort ingénieux d'extraction dit « tube atmosphérique » dont il a été malheureusement impossible de tirer parti jusqu'à présent, par suite de l'insuffisance de la production des travaux souterrains. Ce puits est toujours en exploration du côté du Sud (au niveau de 618^m,50); les recherches du côté du Nord ont été suspendues comme paraissant moins avantageuses. Dans cette même direction du Sud, on opère à une altitude plus élevée des explorations par le puits de la Garenne (niveau de 500 mètres).

Nous reviendrons ultérieurement sur cette importante question des recherches, qui présente un intérêt capital pour l'avenir des mines d'Épinac.

L'extraction est opérée exclusivement, depuis l'origine de l'exploitation, dans le parallélogramme que nous avons défini précédemment. Les premiers travaux ont porté seulement, soit sur le faisceau des couches réunies, soit sur les couches inférieures dans les régions où le gîte est subdivisé. Ces travaux, conduits d'une manière irrégulière et sans l'emploi de remblais, n'ont permis qu'un déhouillement très imparfait. Les incendies souterrains avaient obligé d'abandonner la majeure partie des richesses minérales.

Aussi rentre-t-on actuellement avec succès dans ces anciens quartiers, et peut-on, grâce à une bonne méthode d'exploitation (tranches inclinées avec remblais), enlever les massifs autrefois abandonnés.

En outre, on a attaqué les couches 1 et 2, qui donnent, dans certaines régions, d'assez beaux champs d'exploitation.

L'extraction actuelle est donc fournie en partie par des chantiers ouverts dans les massifs vierges des couches 1, 2, 3 et 4, et en partie par des chantiers de rentrée dans les anciens travaux.

Il reste encore, dans l'étendue du grand parallélogramme dont nous avons parlé, d'assez importantes richesses minérales; cependant elles ne peuvent alimenter l'extraction que pendant une durée limitée, et il est indispensable de trouver de nouvelles ressources pour assurer l'avenir de la Société d'Épinac.

Les puits servant actuellement au sortage des produits sont les suivants :

Puits Fontaine-Bonnard.	Puits Garenne.
— Hagerman.	— Hottinguer.

Le puits Sainte-Barbe opère l'épuisement des eaux.

Le puits Micheneau est pourvu d'un ventilateur; ceux de l'Ouche et du Curier servent à l'aérage naturel. Ce dernier puits sera prochainement sans doute pourvu d'un ventilateur.

La galerie de Ressille est utilisée pour la circulation des ouvriers et le service des remblais.

L'extraction totale en 1888 a été de 114,403 tonnes.

M. Grand' Eury a donné une liste assez étendue des plantes recueillies à Épinac. (*Flore carbonifère de la Loire,* t. II, p. 511.)

Nous la reproduisons ci-dessous :

Calamites Suckovii.	*Alethopteris nevropteroides.*
— *Cisti.*	*Nevropteris.*
Asterophyllites rigidus.	*Dictyopteris nevropteroides.*
— *hippuroides.*	*Lepidofloyos.*
Annularia longifolia.	*Rhabdocarpus sublunicatus.*
— *brevifolia.*	*Cardiocarpus ovatus.*
Equisetites infundibuliformis.	*Cyclopteris.*
Sphenophyllum dentatum.	*Cordaites.*
— *truncatum.*	*Cladiscus.*
Pecopteris dentata.	*Cordaiphlœum.*
— *oreopteridia.*	*Dicranophyllum gallicum.*
— *polymorpha.*	*Calamodendrofloyos.*
Psaroniocaulon sulcatum.	*Antholites gemmifer.*
Alethopteris Grandini.	

Cette flore, d'après M. Grand' Eury, classerait les couches d'Épinac à un niveau intermédiaire entre l'étage houiller de Saint-Étienne et celui de Rive-de-Gier.

Prolongement
des gîtes d'Épinac.
Recherches.

Il nous paraît utile de dire quelques mots de la question des recherches destinées à retrouver dans la concession d'Épinac de nouvelles richesses minérales. Nous avons mentionné déjà que le gîte actuellement exploité était limité de tous côtés par des zones d'appauvrissement, au delà desquelles on avait infructueusement jusqu'ici pratiqué des reconnaissances.

L'idée qui a guidé les explorateurs est la suivante : On a fait remarquer que le gîte d'Épinac présentait de grandes analogies avec celui de Ronchamp [1] ; ce dernier comprend plusieurs quartiers séparés les uns des autres par des serrements sensiblement rectilignes ; ces serrements ont créé des embarras, parfois même causé des inquiétudes pour l'avenir de la houillère ; mais, en somme, on les a toujours franchis, et on a retrouvé au delà de nouvelles richesses.

Les serrements de Ronchamp sont dus à des étirements de la couche, provoqués eux-mêmes par des soulèvements du mur, et ils ne règnent que sur une largeur limitée [2]. La rectilignité des serrements d'Épinac, leur connexion avec de petites failles accusant la même direction, ont fait admettre qu'ils étaient dus à la même cause que ceux de Ronchamp, et qu'ils ne devaient constituer qu'un obstacle momentané au développement des travaux souterrains.

Nous ne méconnaissons pas la valeur de ces arguments, cependant nous pensons qu'ils ne s'imposent pas par leur évidence, et qu'il est permis de conserver quelques doutes sur le bien-fondé de l'assimilation des zones d'appauvrissement d'Épinac aux serrements de Ronchamp.

A Ronchamp, en effet, il ressort très nettement des plans et des coupes des travaux, que les serrements sont dus à des plis anticlinaux ; d'une manière générale, on peut dire que les synclinaux y sont riches, tandis que les anticlinaux sont pauvres ou stériles. En franchissant un anticlinal, on

1. Analogie déjà signalée par Élie de Beaumont dans l'*Explication de la Carte géologique de France*, t. I, p. 682.
2. *Topographie du bassin houiller de Ronchamp*, par. Trautmann, 1885.

retombe forcément sur un synclinal, c'est-à-dire que toute zone appauvrie est accompagnée d'une zone riche. Or, à Épinac, on constate bien aussi que les anticlinaux, que nous avons mentionnés précédemment, sont plus pauvres que les synclinaux, parfois même ils y sont stériles. Mais les grandes zones d'appauvrissement que nous avons fait connaître ne correspondent nullement à des accidents de cette nature; les zones d'appauvrissement Nord et Sud sont sensiblement perpendiculaires aux plissements. Disons, en outre, que les plissements ne sauraient expliquer l'apparition très anormale, au puits Saint-Pierre, de poudingues au voisinage immédiat du gîte, tant au toit qu'au mur.

En présence de ces objections, il est permis de se demander si les zones d'appauvrissement constatées à Épinac, notamment celle du Nord et celle du Sud, ne correspondent pas en réalité à des accidents de sédimentation. Cette hypothèse expliquerait l'apparition des poudingues au puits Saint-Pierre; elle serait d'accord, en outre, avec le fait déjà signalé d'un appauvrissement graduel du gîte, à partir d'une ligne médiane, aussi bien du côté du Nord que du côté du Sud. Si cette hypothèse était exacte, il y aurait lieu, dans les explorations, de s'éloigner des zones d'appauvrissement reconnues, à l'effet de rechercher les régions, vraisemblablement existantes, où les dépôts se sont régulièrement effectués et où d'épaisses couches de houille ont pu se former.

§ 2. *Étage moyen.*

(Étage des Grès et poudingues.)

L'étage moyen est essentiellement constitué par une alternance de bancs de grès et de poudingues, avec quelques rares assises de schistes et quelques filets charbonneux sans importance.

Les coupes des puits Fontaine-Bonnard, Micheneau, Garenne et Hottin-

Constitution de l'étage moyen.

guer (pl. I, fig. 5, 6, 7, 8), font connaître la composition de la partie inférieure de la formation; la coupe n° 3 (pl. IV) indique la composition de la partie supérieure; enfin la coupe figurée planche III, allant du puits François-Mathieu au Puits Mallet, fait connaître la zone moyenne.

Il convient, toutefois, de faire remarquer que la constitution de l'étage moyen n'est pas la même sur la lisière Sud que sur la lisière Nord. Au Sud, les poudingues sont de nature essentiellement granitique; ils sont fort abondants; leurs éléments sont parfois énormes; certains blocs peuvent atteindre plusieurs mètres cubes et sont à peine roulés (tranchée du chemin de fer d'Étang à Chagny); ils imitent alors d'une façon frappante le terrain primitif. Aussi, les exploitants, trompés par ces fausses apparences, avaient-ils considéré comme granitiques des terrains que nous avons, sur notre carte, restitués à la formation houillère, élargissant notablement ainsi du côté du Sud et du Sud-Est les limites du bassin d'Épinac.

Du côté du Nord, les poudingues sont plus rares, les éléments sont beaucoup moins volumineux, et consistent essentiellement en roches de nature poryphyrique (environs de Morgelle, chemin de Morgelle à Sully). Le plus généralement, on ne rencontre que des grès à petits éléments et souvent schisteux (affleurements de la route d'Épinac à Thury, du hameau des Buissons, du village d'Épinac, etc.).

Districts occupés
par
l'étage moyen.

Cette formation n'a été reconnue jusqu'à présent que dans la partie Est du bassin d'Autun. Sur la lisière Nord, elle disparaît en face de Sully; les puits foncés dans le terrain houiller supérieur de la concession du Grand-Molloy sont, en effet, tombés sur le tuf porphyrique sans rencontrer l'étage des grès et poudingues; d'un autre côté, le monticule portant la cote 377 de l'état-major (Mont-Pelé), situé entre Sully et les Buissons, à peu de distance des tufs porphyriques, a fourni une flore remarquable qui se rapproche de celle de l'étage houiller supérieur; on a donc encore en ce point la zone la plus élevée de l'étage moyen, lequel doit disparaître avant d'arriver au hameau du Petit-Molloy, sa terminaison ayant lieu vraisemblablement près du hameau de Bouton.

Enfin, un sondage dit de Saint-Léger, effectué en 1864 près de la station de Saint-Léger-Sully, et poussé à la profondeur de 365 mètres, a rencontré une alternance de grès et de poudingues appartenant assurément à l'étage moyen; la limite souterraine de cet étage passerait ainsi entre le puits Saint-Georges du Grand Molloy et le sondage précité.

Du côté Sud, l'étage moyen est très puissant près du hameau de la Forge, ainsi qu'il résulte de la coupe allant du puits François-Mathieu au puits Mallet; il est encore représenté au Sud du hameau de Marvelay; il a été rencontré, en effet, par les travaux de la galerie Sainte-Barbe des mines de Sully (voir pl. IV, fig. 3). Mais, à Autun, il n'affleure plus; des galeries ouvertes dans le terrain houiller supérieur ont constaté que ce dernier reposait directement sur la granulite.

Il paraît en être déjà de même au hameau du Foulon, à l'Est d'Autun. L'affleurement de l'étage moyen se termine donc en pointe sur la lisière Sud comme sur la lisière Nord; mais l'insuffisance des travaux de recherches, la présence de forêts, ne permettent pas de fixer avec quelque précision le point limite. C'est, par suite, assez hypothétiquement que nous avons admis que cette terminaison de l'affleurement avait lieu en face du hameau de Drousson.

La carte géologique fait ressortir ces particularités intéressantes; elle montre que les affleurements du Houiller moyen, qui occupent une largeur d'environ 3 kilomètres et demi à Épinac, vont en se rétrécissant progressivement sur la bordure Nord et sur la bordure Sud, et arrivent finalement à disparaître.

Cet étage ne renferme aucun gîte de houille exploitable.

Les puits Micheneau, Hottinguer et Lestiboudois n'ont rencontré que de minces filets charbonneux.

Le puits Mallet, situé près de la lisière Sud (voir pl. III), a recoupé une couche de houille fortement inclinée (60°), avec une puissance de 1 mètre; cette couche a été, aux profondeurs de 34 et de 68 mètres, explorée par des travers bancs qui ont constaté que le gîte était devenu presque vertical, mais aminci et barré; des reconnaissances opérées en direction ont démontré qu'il était irrégulier, sujet à de fréquents étranglements et ne fournissait que du combustible de mauvaise qualité [1].

Variations
des inclinaisons.

Les inclinaisons observées dans l'étage moyen donnent lieu à quelques observations intéressantes.

1° *Inclinaisons sur la bordure du bassin.* — Sur la lisière Sud, la plongée est fort accentuée du côté Nord, et dans le voisinage du gneiss les bancs deviennent presque verticaux (coupe des terrains traversés par le puits Mallet).

Sur la lisière Est, la plongée qui a lieu du côté de l'Ouest, va en diminuant quand on se rapproche de la région Nord. Au puits Fontaine-Bonnard, elle est de 30° environ ; au puits Saint-Pierre, les bancs sont très peu inclinés ; il en était de même, paraît-il, pour les terrains rencontrés au sondage dit de Micheneau. On retrouve naturellement sur cette lisière les circonstances que nous avons déjà mentionnées au sujet de l'étage inférieur.

Sur la bordure Nord, les assises plongent avec une assez faible pente du côté du Sud.

2° *Inclinaisons dans la partie centrale du bassin.* — Les fonçages des puits Hottinguer et Lestiboudois ont mis en évidence un fait intéressant, consistant en un changement de pendage dans des bancs superposés suivant une même verticale. Au puits Hottinguer la plongée des assises dans la partie supérieure du fonçage avait lieu du côté Nord, sous un angle de 10° à 15° ; cette plongée s'est maintenue jusqu'à la profondeur d'environ 440 mètres, puis elle a assez brusquement diminué, les bancs sont devenus horizontaux, enfin ils ont pris du côté Sud une inclinaison qui est allée progressivement en s'accentuant, et atteignait 30° à la rencontre du faisceau charbonneux.

Au puits Lestiboudois, les premières assises plongeaient du côté Sud

---

1. L'importante formation de schistes rencontrée par le puits Mallet (20 à 25 mètres) est assez exceptionnelle dans l'étage moyen ; aussi peut-on se demander si ce gîte n'appartient pas à l'étage inférieur. Nous sommes cependant disposé à croire qu'il serait, en l'état, hasardé de faire cette assimilation, à cause des dissemblances qui existent entre la coupe du puits Mallet et celle du puits Hottinguer.

avec un angle d'environ 15°; cette pente s'est maintenue jusqu'à la profondeur de 180 mètres, puis elle a diminué, est devenue nulle vers 270 mètres,
a changé de sens et finalement en bas du fonçage, à 302 mètres, les bancs
plongeaient au Nord sous un angle de 10°.

Dans les divers autres puits des houillères d'Épinac, on ne constate pas
de changement notable de plongée entre les bancs supérieurs et les bancs
inférieurs.

3° *Cause probable des variations d'inclinaison observées aux puits Lestiboudois et Hottinguer.* — Nous ne pensons pas qu'il faille chercher, dans les phénomènes survenus pendant la sédimentation, la cause essentielle des variations d'inclinaison observées aux puits Lestiboudois et Hottinguer. Une
variation dans la forme de la cuvette du bassin n'aurait vraisemblablement
pas déterminé une différence de pente de 45° entre les bancs de la partie
supérieure d'Hottinguer et ceux de la partie inférieure. D'un autre côté,
même en admettant l'intervention de phénomènes de deltas, on trouverait,
semble-t-il, dans le cas où le dépôt d'un delta recouvrirait celui d'un
autre delta, une variation brusque d'inclinaison, tandis que, dans les puits
précités, cette variation a lieu lentement et progressivement.

Nous sommes donc conduit à penser que ces phénomènes sont
dus à des plissements des couches survenus postérieurement à leur dépôt;
ces plissements ne se seraient pas produits sur la même verticale, soit par
suite de la direction de l'effort de compression, soit par suite de la résis-
tance inégale offerte par les diverses assises. Au puits Hottinguer, par
exemple, le relèvement des bancs supérieurs se serait opéré à une plus
grande distance de la lisière Sud que celui des bancs inférieurs. Au puits
Lestiboudois, on serait probablement sous l'influence d'un pli anticlinal.
Nous sommes d'autant plus disposé à admettre cette explication, qu'aux
mines de Blanzy, on constate nettement que des changements de pendage
sur une même verticale ont lieu pour certains puits situés sur une zone de
plissements (puits Sainte-Hélène, puits Saint-Louis, puits Saint-Amédée),
tandis que, pour les puits situés en dehors de cette zone, les plongées se
maintiennent dans le même sens sur toute la hauteur des fonçages.

*Épaisseur
de l'étage moyen.*

L'épaisseur de l'étage moyen est assez difficile à évaluer exactement. La coupe de la planche III donnerait une épaisseur totale d'environ 900 à 950 mètres; mais, d'une part, l'orifice du puits François-Mathieu est au mur de l'étage houiller supérieur, d'autre part, les explorations du puits Mallet ne sont probablement pas arrivées à la base de l'étage moyen. Il y a donc lieu d'augmenter le chiffre ci-dessus, et nous pensons qu'on peut admettre que la puissance de l'étage moyen doit être, aux environs d'Épinac, comprise entre 1,000 et 1,200 mètres.

Cette évaluation semble être assez en rapport avec la largeur occupée par les affleurements de l'étage dans la partie Est du bassin.

Il est d'ailleurs probable que cette épaisseur est loin d'être uniforme, qu'elle varie dans d'assez larges limites, suivant les régions, et qu'elle est notamment plus considérable lorsque les assises sont formées par des poudingues que lorsqu'elles sont constituées par des grès fins.

Carrières.

L'étage moyen fournit des matériaux de construction d'assez médiocre qualité. Les seules carrières un peu importantes sont celles du Mont-Pelé (sommet 377 de la carte, près du hameau des Buissons, à Sully).

Flore.

Ce sont ces carrières qui ont fourni la seule série un peu complète d'empreintes qui ait été recueillie dans l'étage moyen; cette flore est remarquable par l'excellente conservation des végétaux, mais elle provient de la partie la plus élevée de l'étage et a, par suite, de grandes affinités avec celle de l'étage supérieur.

Il aurait été fort intéressant d'avoir des empreintes végétales fournies par la partie moyenne de la formation; malheureusement, il n'a rien été recueilli dans les anciens fonçages effectués à Épinac, et les explorations superficielles ne permettent pas de combler cette lacune.

Voici d'ailleurs, d'après MM. Grand'Eury et Renault, la liste des empreintes recueillies au Mont-Pelé :

Asterophyllites densifolius.	*Equisetites lingulatus.*
Annularia longifolia.	*Sphenophyllum oblongifolium.*
— *brevifolia.*	*Macrostachya infundibuliformis.*
Bruckmannia tuberculata.	*Sphenopteris Gravenhorstii.*

Pecopteris oreopteridia.
— .   *arborescens.*
—   *Pluckeneti.*
—   *cyathea.*
Tubiculites.
Callipteridium ovatum.
Alethopteris aquilina.
—   *Grandini.*
Odontopteris Reichiana.
—   *Brardi.*
Nevropteris cordata.
Aulacopteris planistriata.

Medullosa carbonaria.
Doleropteris.
Schizopteris lactuca.
Botryopteris.
Dolerophyllum.
Pachytesta gigantea.
Cordaites borassifolius.
Cladiscus selenoides.
—   *decurrens.*
Cordaicarpus ovatus.
Dicranophyllum gallicum.

§ 3. — *Étage supérieur.*

L'étage supérieur est compris entre l'étage des grès et poudingues que nous venons d'étudier et les schistes bitumineux permiens du niveau d'Igornay, que nous étudierons plus loin.

Il renferme principalement des grès, généralement assez fins, rarement des poudingues, quelques bancs de schistes et de petites couches de houille. *(Constitution de l'étage supérieur.)*

Les coupes de la galerie Sainte-Barbe (pl. IV, fig. 3) et du puits du Pré des Mines de Sully (pl. IV, fig. 4); celle du puits du Petit-Molloy (pl. IV, fig. 1), et enfin celle du puits Saint-Georges (pl. IV, fig. 2) des mines du Grand-Molloy, font connaître la constitution du Houiller supérieur sur la lisière Sud et la lisière Nord du bassin.

Cet étage renferme diverses couches de houille qui ont été jadis exploitées ou explorées; il ne fournit pas de matériaux de construction.

Les couches de houille sont généralement au nombre de deux ou trois, quelquefois même de quatre (puits du Petit-Molloy); mais elles sont toujours peu épaisses, irrégulières, et n'ont jamais pu faire l'objet d'une exploitation avantageuse. Elles ont motivé l'institution de trois concessions : Grand-Molloy, Sully et Pauvray, et ont provoqué sur d'autres points de nombreuses explorations dont nous donnerons plus loin un résumé. *(Couches de houille.)*

Districts occupés
par
l'étage supérieur.

Cet étage forme une ceinture presque continue autour du terrain permien. Sur la lisière Sud du bassin, il affleure suivant une mince bande continue allant depuis Veuvrotte jusque près de Verrière; sur la lisière Nord-Est, on peut l'observer depuis Dinay jusqu'au Molloy; sur la lisière Nord-Ouest, il a été également reconnu entre Cortecloux et la Charmoye. Dans la partie centrale de la lisière Nord, il n'est pas connu et n'affleure probablement pas dans l'intervalle compris entre la Charmoye et le Molloy.

Du côté de l'Ouest, il n'existe pas de point de repère entre Dinay et Veuvrotte, de telle sorte que le contour que nous avons figuré près d'Épinac est assez hypothétique.

Dans la région Est du bassin, il repose sur le Houiller moyen; dans la partie centrale et la partie Ouest, il repose directement sur les terrains anciens de la bordure.

Travaux
d'exploitation
ou d'exploration.

Cette longue bande d'affleurements a été, dans le passé, l'objet de nombreux travaux que nous allons passer rapidement en revue, en commençant par le Grand-Molloy.

1° *Concession du Grand-Molloy*. — On observe, entre les hameaux du Petit et du Grand-Molloy, des affleurements charbonneux qui ont, dès 1829 donné lieu à des travaux d'exploitation.

Le puits dit du Petit-Molloy (pl. IV, fig. 1) a recoupé quatre couches ou veinules, mais les autres puits n'ont rencontré que deux couches. La couche supérieure, présentant une épaisseur de $1^m,30$ à $1^m,50$ dans les parties régulières, a été l'objet des travaux les plus développés. La couche inférieure, située à peu de distance au-dessous de la précédente, n'a été exploitée autrefois que dans la région des affleurements et au puits des Barbottes, et plus récemment au puits du Petit-Molloy. Elle n'a pas fourni de résultats satisfaisants; elle était mince ($0^m,70$ au puits du Petit-Molloy), sujette à de nombreux étranglements, et ne fournissait que du combustible de mauvaise qualité.

La couche supérieure a été exploitée pendant de nombreuses années, d'abord sur les affleurements, puis par les puits Haber, de la Vèze, des

Barbottes et puits Neuf; elle n'a été qu'explorée au puits Saint-Georges. Les travaux des puits Haber, de la Vèze et des Barbottes communiquaient entre eux, mais ceux des puits Neuf et Saint-Georges formaient des quartiers indépendants.

La couche avait, dans les districts du puits des Barbottes et du puits Neuf, une épaisseur qui atteignait parfois 1^m,50, mais elle était fréquemment étranglée. Du grisou s'étant montré au puits Neuf, les travaux ont été définitivement suspendus en 1876.

Le puits Saint-Georges n'a trouvé qu'une seule couche, presque au contact des tufs porphyriques, qui paraissaient former en ce point un dos d'âne; à peu de distance du puits, on a reconnu la présence d'une couche inférieure. Mais ces gîtes étaient minces, irréguliers; aussi n'a-t-on pas jugé à propos de les explorer sur une grande étendue.

Nous avons considéré comme sans intérêt et par suite superflu de fournir une coupe des anciens travaux de Molloy : une coupe passant, par exemple, dans la partie centrale du champ d'exploitation par les puits Haber, de la Vèze et Saint-Georges, aurait montré seulement un gîte plongeant régulièrement du côté du Sud-Ouest sous un angle d'environ 21 degrés.

La houille avait, dans les quartiers voisins des affleurements, la composition suivante, cendres déduites [1] :

Matières volatiles.	42 à 47 0/0
Carbone .	53 à 58 0/0

2° *Recherches de Dinay.* — Au hameau de Dinay, commune de Sully, un puits de recherches avait, disait-on, recoupé jadis deux veines de houille, ayant respectivement 0^m,50 et 0^m,60 d'épaisseur. La Compagnie d'Épinac entreprit, en 1866, de nouvelles explorations, mais elle ne rencontra qu'une seule couche, orientée sensiblement de l'Est à l'Ouest, sujette à de nom-

---

1. Estaunié. — Des diverses variétés de houille du département de Saône-et-Loire. *Annales des mines*, 4° série, t. XVII.

breux étranglements et n'ayant, dans les meilleures parties, qu'une puissance de $0^m,60$.

On avait, dans ces recherches, constaté au voisinage du gîte l'existence de schistes avec coprolithes; la coupe du puits Saint-Georges du Grand-Molloy relate également la présence de schistes avec coprolithes.

Les travaux peu fructueux de Dinay furent bientôt abandonnés.

A l'Ouest de Dinay, au château de Sully, des fouilles superficielles ont rencontré également des veinules charbonneuses qui constituent un jalon intermédiaire entre les gîtes du Molloy et ceux de Dinay.

3° *Concession de Sully.* — A Sully, des explorations ont été pratiquées sur plusieurs points différents; elles peuvent se résumer comme il suit, en allant de l'Est à l'Ouest.

Le puits Montadio, foncé en 1864 par la Compagnie d'Épinac, a rencontré, aux profondeurs de 12 et de 16 mètres, deux veinules de houille ayant $0^m,15$ et $0^m,25$ d'épaisseur. Au Val Saint-Benoît, on aurait, en 1832, d'après M. Manès, reconnu, par le puits de la Vigne, deux veines de houille schisteuse ayant chacune 1 mètre de puissance.

Des affleurements, découverts en 1838 dans le bois de Grosme, ont motivé l'exécution de la galerie Sainte-Barbe et les fonçages des puits du Bois, du Pré, de la Garenne et de Marvelay.

La galerie Sainte-Barbe a rencontré trois couches; mais l'une d'elles seulement, la deuxième, dont la puissance moyenne était de 1 mètre, parut susceptible d'exploitation; la couche n° 1, dite « grisar », avait $1^m,20$, mais elle était fort impure; la couche n° 3 n'avait, en moyenne, qu'une épaisseur de $0^m,60$ et la qualité du combustible laissait à désirer.

La couche n° 2 a été exploitée ou explorée sur un développement de près de 500 mètres; elle était sujette à de nombreux étranglements et était, en outre, disloquée par des failles, de telle sorte que quelques lambeaux, d'ailleurs peu importants, ont pu seuls être déhouillés.

La composition de la houille, cendres déduites, était [1] :

---

1. Estaunié. — Des diverses variétés de houille de Saône-et-Loire. *Annales des mines,* 5ᵉ série, t. XVII.

Matières volatiles . . . .   47 à 52 0/0
Carbone. . . . .   48 à 53 0/0

Les médiocres résultats obtenus décidèrent les concessionnaires à explorer les terrains inférieurs ; dans ce but, on continua à travers bancs la galerie Sainte-Barbe, et on fonça à son extrémité une bure de 103 mètres de profondeur, prolongée elle-même par un sondage de 53 mètres. La figure n° 3 (pl. IV) fait connaître l'ensemble des terrains traversés [1].

Le puits du Pré a rencontré, à la profondeur de 145 mètres, la première couche qui a été exploitée pendant quelque temps, mais les travaux ont été limités à l'Est et à l'Ouest par des accidents qui étaient vraisemblablement plutôt des étranglements que des failles.

La composition de la houille était la suivante [2] :

Carbone fixe.   46,5
Matières volatiles   38,5
Cendres.   15,0

Elle renfermait du grisou.

Nous avons reproduit la coupe du puits du Pré (pl. IV, fig. 4). Cette coupe montre qu'au toit des couches existe une importante formation de grès fins ou grossiers, même de poudingues, avec quelques minces bancs de schistes, dont quelques-uns bitumineux.

M. Manès signale la présence d'empreintes de poissons [3], et, M. Guyot [4], celle d'un banc de calcaire cloisonné de $0^m,40$ d'épaisseur (circonstances non mentionnées sur la coupe).

Le puits de la Garenne, foncé à la profondeur de 111 mètres et pro-

---

1. On a supposé que les terrains rencontrés par la galerie avaient été recoupés verticalement, et on les a superposés à ceux rencontrés par la bure. Ce mode de représentation laisse à désirer comme exactitude, mais nous n'avons pu nous procurer d'autres documents.

2. ESTAUNIÉ. — *Op. cit.*

3. *Mémoire sur les bassins houillers de Saône-et-Loire*, 1844, p. 67.

4. *Notice sur le bassin houiller d'Autun.*

longé par un sondage de 44 mètres, a rencontré·une veine de houille irrégulière et très impure qui a été explorée en direction sur une longueur de 200 mètres. La teneur en cendres s'élevait jusqu'à 54 0/0.

Le puits de Marvelay a été foncé à une profondeur insuffisante pour recouper les couches de houille ; il n'a atteint que 170 mètres, tandis que, d'après les concessionnaires, il aurait dû avoir au moins 225 mètres [1]. Nous donnons la coupe de ce puits (pl. IV, fig. 5), qui complète celle du puits du Pré, et fait connaître la constitution de la partie inférieure de la formation permienne.

Cette coupe dénote une grande abondance de poudingues et l'absence de schistes dans la première moitié du fonçage.

Nous mettrons plus loin cette constatation à profit.

4° *Concession de Pauvray.* — Les gîtes de Sully se poursuivent dans la concession de Pauvray. Au Sud du hameau de Creusefond, deux puits, foncés vers 1827 par le sieur Haber, avaient, vers 30 et quelques mètres, rencontré une petite couche de houille qui avait été explorée en direction.

Au Sud du hameau de Pauvray, un puits de 30 mètres de profondeur avait recoupé quelques filets de houille irréguliers.

Ce sont ces découvertes, d'importance assez mince, qui ont, en 1833, motivé l'institution de la concession de Pauvray.

5° *Recherches de Drousson.* — Des explorations furent pratiquées, en 1863, par MM. Debrousse et Cie, sur un gisement charbonneux dont les affleurements avaient été découverts au Sud du hameau de Drousson, dans un bois communal. Un puits de $42^m,50$ de profondeur a recoupé trois veines aux profondeurs respectives de 5, 16 et 32 mètres. Les couches n° 2 et n° 3 ont été explorées en direction ; la couche n° 2 avait dans le puits une épaisseur de $0^m,40$, mais elle s'est rapidement étranglée ; la couche n° 3 avait dans le fonçage une puissance de $1^m,30$, y compris une intercalation stérile de $0^m,30$; elle s'est également mal comportée en direction ; aussi ces recherches ne tardèrent-elles pas à être abandonnées.

—————

1. BLANCHET. — *Exploitation de la houille à Épinac*, p. 32.

6° *Recherches de Foulon.* — Au hameau de Foulon, commune de Saint-Pantaléon, on a découvert, en 1876, en fonçant un puits à eau, une veinule charbonneuse qui a été infructueusement recherchée en profondeur par un sondage.

7° *Recherches de Fillouse.*—Vers 1830, des explorations furent pratiquées sur des gîtes dont les affleurements avaient été découverts près du hameau de Fillouse; d'après les renseignements assez incomplets que nous avons pu recueillir, on aurait pratiqué deux puits et deux sondages. Ces ouvrages auraient recoupé deux veines de charbon irrégulières, plongeant fortement au Nord (45°), et sujettes à de nombreux étranglements.

8° *Recherches de Saint-Blaize.* — Dans le quartier de Saint-Blaize de la ville d'Autun, on avait, dès 1807, reconnu des affleurements charbonneux qui avaient motivé des recherches. Ces dernières furent successivement reprises : en 1825, par le sieur Desplaces; en 1838, concurremment par le sieur Tandon et les sieurs Barron et Quarré; enfin, en 1857, par la Compagnie de Fraisans (Jura).

Le sieur Desplaces prétendait avoir trouvé, à la profondeur de 25 mètres, une couche de charbon gras ayant $1^m,65$ d'épaisseur.

Les sieurs Baron et Quarré disaient avoir, par le fonçage d'un puits de 80 mètres, dit puits de Saint-Blaize, rencontré la succession de terrains suivante :

Grès et poudingues.	18 mètres.
Schistes et grès subordonnés.	34 —
1re Couche de houille avec deux barres	2 —
Schistes et grès.	18 —
2me Couche de houille	2 —

La couche n° 1 fut explorée, aux niveaux de 52 et de 58 mètres, sur un développement d'environ 30 mètres.

Ces indications encourageantes amenèrent la Compagnie de Fraisans à acheter les travaux des sieurs Baron et Quarré moyennant un prix assez élevé; elle reprit le puits de Saint-Blaize et l'approfondit jusqu'à 88 mètres;

elle constata bien la présence de la couche n° 1, mais ne rencontra pas la couche n° 2 indiquée par la coupe ci-dessus.

La couche n° 1 fut explorée d'une façon assez complète par une galerie en direction de 90 mètres de longueur au niveau de 50 mètres, par un montage de 25 mètres et une descenderie ayant également 25 mètres. Du côté de l'Ouest, elle avait une puissance de 2 mètres à $2^m,20$, dont moitié environ occupée par une barre ; à l'Est, elle n'avait plus que $1^m,50$, mais la barre se réduisait à $0^m,20$.

Un travers bancs, ouvert au niveau de 75 mètres, n'a rencontré qu'une trace charbonneuse représentant probablement la couche étirée et étranglée.

Au niveau de 88 mètres, un travers bancs avait recoupé la granulite à une distance de 55 mètres du puits.

Le charbon avait, paraît-il, la composition suivante, cendres déduites :

Matières volatiles.	27,70
Carbone.	72,30

Il était considéré comme apte à la fabrication du coke et aux travaux de forge.

Recherches de la Brasserie et de la Verrerie. — Il avait été admis par les divers ingénieurs qui avaient étudié les gîtes de Saint-Blaize que ces derniers représentaient le faisceau d'Épinac, et on attribuait les mauvais résultats obtenus à cette circonstance que les recherches étaient trop rapprochées de la lisière granitique, et n'avaient rencontré que des couches étirées et disloquées. Il y avait donc lieu, disait-on, de se reporter à une certaine distance de la bordure, pour rencontrer des régions plus régulières.

C'est dans cet ordre d'idées que furent foncés, vers 1857, le puits de la Brasserie (au Sud-Est de Saint-Pantaléon), et le puits de la Verrerie (au Nord-Ouest d'Autun).

Le puits de la Brasserie a atteint 463 mètres, et celui de la Verrerie seulement 135 mètres; ils n'ont rencontré l'un et l'autre aucune couche de houille, et sont demeurés constamment dans le terrain permien, ainsi que le témoignent les schistes bitumineux, les filets de calcaire dolomitique, le goudron minéral, les empreintes de poissons et les coprolithes rencontrés par ces ouvrages.

Nous avons reproduit la coupe du puits de la Brasserie (pl. IV, fig. 6).

10° *Recherches d'Ornez.* — Quand on va de Saint-Blaize à Ornez, on remarque, au contact de la granulite, un affleurement de schistes charbonneux. Près d'Ornez cet affleurement a une puissance de 4 à 5 mètres. Un puits, profond de 70 mètres, a été foncé en 1857 tout à côté de ce hameau par la Compagnie de Fraisans; deux travers bancs ouverts aux niveaux de 36^m,50 et de 68 mètres, ont trouvé, au contact du terrain primitif, un mélange de schistes et de houille broyés qui paraissait constituer un remplissage de faille; cette assise de terrains broyés avait en effet une très forte plongée (70° à 80°), tandis que les bancs recoupés par le puits n'avaient qu'une faible pente (8° à 10°). On admit que ces traces charbonneuses correspondaient aux couches d'Épinac rejetées en profondeur par des accidents, et qu'il aurait fallu foncer un puits plus profond et situé à une plus grande distance de la bordure granitique. C'est cette hypothèse, commune aux gîtes de Saint-Blaise et d'Ornez, qui provoqua les recherches infructueuses de la Brasserie et de la Verrerie dont il vient d'être parlé.

11° *Recherches de Vauteau.* — Au sud du hameau de Vauteau (Verrière), tout près du terrain ancien, affleurent des veinules charbonneuses sur lesquelles quelques fouilles furent pratiquées, vers 1857, par le sieur d'Esterno.

12° *Recherches de Cortecloux.* — Il résulterait de documents, malheureusement fort anciens, qu'un puits autrefois foncé à Cortecloux aurait recoupé un gîte charbonneux.

13° *Recherches de Polroy.* — Un puits creusé vers 1830 près du hameau de Polroy (la Selle) avait recoupé une couche de charbon. Ces explorations ont été reprises en 1887 par la Société des mineurs de la Selle, qui a rencontré, à la profondeur de 40 mètres, une petite veine de charbon d'allure irrégulière, et n'ayant au plus que quelques décimètres d'épaisseur.

Les divers gîtes que nous venons de passer en revue nous paraissent devoir être considérés comme contemporains. Les motifs qui justifient cette manière de voir sont les suivants :

1° Ces gîtes sont superposés soit à l'étage moyen du terrain houiller, soit, en l'absence de cet étage, aux terrains anciens ; ils sont surmontés par des assises avec schistes bitumineux qui constituent la partie inférieure des terrains permiens.

2° La flore du grand Molloy est la même que celle de Sully ; cette même flore a été retrouvée par M. Renault, au Sud du hameau de la Croix-des-Châtaigniers dans la concession de Pauvray, à Saint-Blaize, à Cortecloux, à Polroy et à la Charmoye (au Nord de Tavernay). Les autres gisements, pour lesquels nous ne possédons pas de documents paléontologiques (val Saint-Benoît, Foulon, Fillouse, Ornez, Vauteau), se relient aux précédents d'une façon évidente.

On n'a donc bien affaire qu'à une seule et même formation, qui se poursuit sur de grandes étendues, et forme une ceinture presque continue autour du terrain permien. Nous la désignerons ultérieurement sous le nom d'étage du Molloy, appellation empruntée à la mine où elle paraît avoir le plus d'importance.

Nous avons déjà mentionné que l'étage du Molloy n'était pas connu sur la lisière Nord du bassin, entre la Charmoye et le Molloy.

Des sondages effectués à l'Ouest des mines du Molloy ont rencontré, en effet, le terrain permien reposant directement sur le tuf porphyrique ; à Igornay les schistes bitumineux sont au contact du tuf porphyrique, et ce contact n'est pas dû à une faille, il résulte bien d'une superposition directe.

Il est probable que le même fait a lieu entre Igornay et la Charmoye ; cependant cette lisière du bassin n'a peut-être pas été suffisamment explorée, pour qu'il soit possible d'affirmer avec certitude que l'étage du Molloy ne dépasse pas à l'Est le hameau de la Charmoye.

En tout cas la limitation précise des affleurements de cet étage ne présente qu'une importance secondaire, et nous nous bornerons à retenir le fait bien démontré de leur absence aux environs d'Igornay. Nous reviendrons plus loin sur cette intéressante circonstance.

L'étage du Molloy, que nous considérons comme limité en haut par les premières assises de schistes bitumineux, et en bas par les poudingues de l'étage moyen, est peu puissant. D'après les coupes que nous avons fournies, il semble qu'il y a lieu d'admettre que l'épaisseur est comprise entre 100 et 150 mètres.

Nous donnerons seulement les noms des plantes les plus caractéristiques de cet étage, en renvoyant le lecteur à la partie botanique du présent ouvrage pour une énumération plus complète.

Ces plantes caractéristiques sont les suivantes :

Calamites major.	*Pecopteris arborescens.*
— *Cistl.*	— *Candolleana.*
Alethopteris Grandini.	*Nevropteris Planchardi.*

Disons encore que, d'après M. Grand'Eury [1], la houille du Molloy est formée principalement d'écorces de Calamites et renferme en abondance du fusain de Calamodendron.

La formation du Molloy appartiendrait ainsi à la partie tout à fait supérieure du terrain houiller et correspondrait, d'après M. Grand'Eury, aux couches les plus élevées du bassin de la Loire (étage des Calamodendrées).

Constitution du terrain houiller. — C'est encore à l'étage supérieur du terrain houiller que nous rattachons le gisement d'Aubigny-la-Ronce. Bien que le bassin d'Aubigny soit distinct de celui d'Autun, dont il est complètement séparé par des terrains anciens, nous l'avons figuré sur notre carte et devons par conséquent en dire ici quelques mots.

Le terrain houiller affleure dans les deux petites vallées dites de Roncevaux et de la Vernée, situées au Nord d'Aubigny ; des explorations pratiquées en 1859 avaient reconnu la présence de la houille. Ces explorations ont été reprises en 1874 ; elles ont révélé l'existence de deux petites couches

1. *Flore carbonifère de la Loire*, t. II, p. 512.

intercalées dans une formation de grès et de schistes, et distantes l'une de l'autre d'environ 60 à 70 mètres.

La couche n° 1 a une épaisseur ne dépassant pas $0^m,40$, et le combustible est très impur.

La couche n° 2 a une puissance variant de $0^m,50$ à 2 mètres et donne du charbon d'assez bonne qualité, appartenant à la catégorie des houilles demi-grasses ; la proportion des cendres est peu élevée.

Cette couche est située à la partie inférieure du bassin houiller, à peu de distance des terrains anciens (15 à 20 mètres).

L'inclinaison du gîte est très forte dans le voisinage des affleurements (60° au moins et parfois 70° ou 80°) ; elle est moindre en profondeur.

Ces découvertes ont été faites, d'abord, dans la vallée de Roncevaux (premier ravin au Nord d'Aubigny), puis des travaux ultérieurs ont démontré le prolongement des gîtes dans la vallée de la Vernée ; l'allure des couches a même paru être plus satisfaisante dans cette vallée que dans la première, leur inclinaison est un peu moins forte.

La concession de houille d'Aubigny-la-Ronce, à laquelle fut attribuée une superficie de 1.856 hectares, fut instituée le 8 mars 1879.

Travaux d'exploitation. — L'exploitation est actuellement poursuivie, dans la vallée de la Vernée, par le puits de Chaton ; elle porte sur la couche n° 2, qui présente une allure assez tourmentée : sa puissance atteint parfois 2 à 3 mètres, mais elle est fréquemment étranglée. Les travaux sont arrivés à la profondeur d'environ 84 mètres au-dessous de la surface du sol ; ils s'étendent sur à peu près 200 mètres en direction.

La production, en 1888, a été seulement de 7,760 tonnes.

Limites du bassin d'Aubigny. — Une série de sondages, pratiqués au Sud et au Sud-Ouest d'Aubigny, a montré que le terrain houiller ne s'étendait pas dans la vallée située au Sud de ce village ; d'autre part, au Nord, à Santosse, on trouve le granite ; la formation houillère a donc, entre Aubigny et Santosse, une largeur réduite, et doit former probablement une cuvette dont l'axe serait orienté Nord-Est.

À l'Est, les limites sont absolument inconnues, les terrains jurassiques

recouvrent le Houiller et une faille importante, allant de Santosse à Eper-
tully, rejetterait en profondeur d'environ une centaine de mètres le terrain
houiller, s'il se prolongeait jusque-là.

Age du bassin d'Aubigny. — On a considéré généralement les gisements d'Aubigny comme étant contemporains de ceux d'Épinac, par la
raison qu'ils étaient comme eux situés au voisinage des terrains anciens.
Nous avons déjà dit que cet argument était sans valeur dans le bassin
d'Autun, et qu'il avait conduit à des conclusions fort erronées. Nous pensons qu'il en est de même pour Aubigny.

Nous avons rencontré, en effet, au-dessus des couches, des écailles de
poissons qui font défaut à Épinac, mais existent dans le Houiller supérieur.
Les quelques empreintes qu'a pu étudier M. Renault indiquent également
une flore plus récente que celle d'Épinac. C'est donc au niveau de l'étage
du Molloy qu'il nous paraît convenable de classer les gisements houillers
d'Aubigny.

Avenir du bassin d'Aubigny. — Les explorations pratiquées ont été trop
peu importantes pour qu'il soit possible de se prononcer sur l'importance
du bassin d'Aubigny, et par suite sur son avenir. Ce bassin s'étend-il à
une grande distance du côté de l'Est, sous les terrains secondaires, et y
acquiert-il une largeur plus considérable, ou bien constitue-t-il seulement
une bande plus ou moins étroite, comme celui de Sincey, dans la Côte-d'Or,
ou celui de Forges, dans Saône-et-Loire? Ce sont là des questions auxquelles il est impossible de faire actuellement une réponse satisfaisante.
En tout cas, les explorations ou exploitations y seront rendues difficiles,
par suite de la présence d'une épaisse couverture de terrains jurassiques
et des niveaux d'eau plus ou moins importants que les fonçages auront à
franchir.

CHAPITRE III

TERRAIN PERMIEN

Le Terrain Permien de l'Autunois comprend deux grandes divisions : Considérations générales. à la partie inférieure la formation des Schistes bitumineux, à la partie supérieure celle des Grès rouges. La première occupe une place fort importante dans le bassin d'Autun; la seconde ne joue, au contraire, qu'un rôle très secondaire.

SECTION I

FORMATION DES SCHISTES BITUMINEUX

Le Permien inférieur (formation des Schistes bitumineux) offre de Caractères généraux. grandes analogies avec le terrain houiller; les poudingues, les grès et les schistes qui le constituent ressemblent beaucoup à ceux de la formation houillère.

Aussi les membres de la Société géologique de France, réunis en 1836 à Autun en session extraordinaire, admirent-ils, à la presque unanimité, malgré les opinions contraires de Rozet et de l'abbé Landriot[1], que les Schistes bitumineux de l'Autunois devaient être rapportés au terrain

---

1. L'opinion de Rozet et de l'abbé Landriot n'était pas d'ailleurs exacte non plus, attendu qu'ils voulaient voir dans les Schistes d'Autun l'équivalent du Zechstein.

houiller. Élie de Beaumont et Dufrénoy, puis Manès, partagèrent cette opinion.

Aujourd'hui il est admis sans contestation, croyons-nous, que les Schistes bitumineux du bassin d'Autun appartiennent à la série permienne. Nous ferons ressortir, dans la suite de cette étude, les motifs de cette classification.

Le Permien inférieur peut être subdivisé en trois étages :

En bas, une puissante formation de grès et de poudingues renfermant seulement deux niveaux de schistes bitumineux principalement reconnus à Igornay et à Lally; aussi désignerons-nous cet étage sous le nom d'étage d'Igornay-Lally;

Au milieu, une importante formation de grès contenant, à sa base, la couche de schistes bitumineux la plus importante de l'Autunois, dite « Grande Couche », et dans les parties moyenne et supérieure, diverses petites couches de schistes bitumineux et une couche de houille; nous l'appellerons étage de la Comaille-Chambois, désignation empruntée aux localités où il est le plus développé;

En haut, une formation essentiellement schisteuse renfermant de nombreuses petites couches de schistes bitumineux et une couche de boghead; nous l'appellerons étage de Millery, localité où elle est le mieux connue.

§ 1. — *Étage d'Igornay-Lally.*

Cet étage comprend à la base un faisceau schisteux et bitumineux; au-dessus on rencontre une épaisse formation constituée par des grès associés à quelques poudingues, et par des schistes peu développés dont un banc est bitumineux et a été exploité jadis à Lally et à Champsigny.

Caractères généraux. — La formation schisteuse et bitumineuse est surtout bien développée dans les concessions de Saint-Léger du Bois et d'Igornay.

Faisceau schisteux
et
bitumineux.

La coupe du puits Saint-Georges (pl. IV, fig. 2) fait connaître la composition de ce faisceau dans la concession de Saint-Léger-du-Bois et la coupe du puits Selligue (pl. IV, fig. 7) la fournit pour la concession d'Igornay; au puits Saint-Georges, la formation schisteuse a été recoupée sur environ 90 mètres de hauteur, et aurait ainsi une épaisseur approximative de 75 mètres.

Cette formation schisteuse renferme divers bancs bitumineux, mais trois seulement ont une importance suffisante pour avoir motivé des travaux d'exploitation.

Ces gîtes présentent la particularité intéressante de donner, par la distillation, de l'huile minérale moins lourde que celle fournie par les couches bitumineuses situées à d'autres niveaux géologiques.

La coupe du puits Selligue montre l'existence à la partie supérieure de la série schisteuse d'un banc de calcaire dolomitique jaunâtre et compact ayant une épaisseur d'environ $0^m,70$.

Un petit banc de calcaire dolomitique a été également signalé au toit de la deuxième couche exploitée dans la concession de Saint-Léger-du-Bois.

Enfin nous avons déjà mentionné la présence de calcaires magnésiens au puits du Pré des mines de Sully.

Ces calcaires renferment parfois de petites coquilles d'eau douce (probablement des cypris).

Disons encore, pour terminer ces considérations générales, qu'on rencontre fréquemment à la surface du sol, dans le voisinage de cet horizon géologique, des bois silicifiés. La carte indique les divers gisements reconnus par M. Renault.

Nous allons maintenant passer en revue les divers points où les couches ont été exploitées ou explorées.

Concession d'Igornay. — Les couches affleurent le long de la lisière des terrains anciens, et reposent directement sur eux sans accident. Elles ont été explorées en direction et en profondeur; ces travaux ont montré la présence de nombreuses petites failles orientées suivant deux directions principales; les unes sont parallèles à la bordure des terrains anciens, les autres sont sensiblement perpendiculaires.

Trois couches ont été exploitées.

La couche supérieure a une puissance comprise entre 3 mètres et $3^m,50$; elle se divise elle-même en deux parties : le banc supérieur dit « banc jaune » avec une épaisseur de $1^m,10$ à $1^m,80$, et le banc inférieur dit « couche n° 1 » avec une épaisseur de 2 mètres environ.

La couche n° 2, séparée de la précédente par une assise de schistes stériles de $2^m,50$, a une épaisseur d'environ $1^m,80$.

Viennent ensuite une assise de schistes stériles de $3^m,50$, et une couche bitumineuse de 7 mètres d'épaisseur, dont la partie inférieure seule est exploitée sur $2^m,50$ à 3 mètres de hauteur [1].

Les richesses de ces diverses couches s'établissent à peu près comme il suit [2] :

> Couche n° 1. — Rendement en huile brute, 4,50 0/0.
> — n° 2. — — — 4,25 0/0.
> — n° 3. — — — 3,75 0/0.

La densité moyenne de l'huile brute est d'environ 0,855.

Concession de la Petite Chaume. — Le prolongement des couches d'Igornay a été reconnu à l'Est dans la concession de la Petite-Chaume où on a constaté également trois couches ; mais la couche supérieure seule, qui présente une épaisseur de 3 à 4 mètres, a été l'objet de quelques travaux d'exploitation suspendus depuis 1872.

Recherches au Nord de Lally. — Divers sondages ou puits exécutés en 1876 à l'Est de la concession de la Petite-Chaume, et au Nord du hameau de Lally,

---

1. La coupe du puits Selligue mentionne la présence d'une quatrième couche, mais cette dernière n'a jamais été exploitée; son existence est d'ailleurs fort incertaine et même douteuse, la coupe précitée pouvant être inexacte dans sa partie inférieure.

2. Pour suivre l'usage adopté dans le bassin d'Autun, nous évaluerons les rendements des schistes bitumineux d'après les volumes de minerai soumis à la distillation et d'huile produite. Quand on dit qu'un minerai a un rendement de 5 0/0, cela signifie qu'un mètre cube de minerai chargé en cornue, c'est-à-dire mesuré après triage et cassage, donne par la distillation 50 litres d'huile brute. Les autres rendements, que nous mentionnerons plus loin, seront tous évalués d'après ces mêmes bases.

ont reconnu la présence du faisceau d'Igornay reposant directement sur le tuf porphyrique.

Concession de Saint-Léger-du-Bois. — Dans cette concession on voit affleurer en divers points le faisceau bitumineux ; ces affleurements peuvent notamment être observés sur le chemin allant de Saint-Léger au hameau de Bouton, et sur le chemin allant de Saint-Léger au Molloy.

Des exploitations furent d'abord pratiquées à ciel ouvert, elles portèrent sur les deux couches supérieures. Suspendues en 1872, elles furent reprises souterrainement en 1876 par le puits Saint-Georges et le puits Neuf, pour être de nouveau abandonnées en 1879.

La densité de l'huile brute était un peu plus élevée qu'à Igornay (0,870).

Lisières Est et Sud du bassin. — Au delà de Saint-Léger du Bois, les affleurements des schistes bitumineux disparaissent sous les alluvions. On rencontre bien, dans la partie Est du bassin à Dinay, et sur la lisière Sud à Sully et aux environs d'Autun, des couches bitumineuses qui, par leur position au-dessus du Houiller supérieur, sont certainement contemporaines de celles d'Igornay[1], mais ces gîtes sont peu épais, et aucun d'eux n'a paru être assez riche pour motiver des tentatives d'exploration.

Il convient de remarquer également que les schistes stériles du faisceau d'Igornay disparaissent aussi en grande partie sur la lisière Sud, et qu'ils font place à des grès schisteux.

La sédimentation ne s'est donc pas effectuée de la même manière dans la partie Nord du bassin et dans la partie Sud ; tandis qu'aux environs d'Igornay il se déposait des sédiments fins, dans la région Sud les formations étaient constituées par des éléments plus ou moins grossiers.

Lisière Ouest et Nord-Ouest du bassin. — A l'Ouest d'Igornay on n'a pas reconnu d'une manière certaine le prolongement du faisceau schisteux et bitumineux. Cependant quelques gîtes, que nous allons passer rapidement

---

1. A Dinay existent des bois silicifiés de l'âge de ceux d'Igornay, qui justifient bien la place assignée à ce gisement d'après les considérations stratigraphiques.

7

en revue, pourraient probablement être rapportés à ce niveau. Au Sud du hameau de Rosereuil, un puits foncé en 1862 a rencontré des couches bitumineuses qui furent considérées par les explorateurs comme étant le prolongement de celles d'Igornay.

Au Sud du hameau du Maine, on a reconnu, en 1862, une couche bitumineuse de 4 mètres d'épaisseur. Au hameau des Pelletiers on a également, vers la même époque, foncé un puits qui aurait recoupé un gîte bitumineux de 4 mètres de puissance. Au hameau de la Guinguette, près Reclennes, on observe sur la route des affleurements de schistes sur lesquels des fouilles pratiquées jadis auraient, paraît-il, reconnu des assises bitumineuses.

Près de l'ancien étang de Poisot, tout à côté de la route d'Autun à la Selle, on a exploité autrefois un gîte assez épais, mais peu riche, qui fournissait par la distillation des huiles relativement assez légères.

Nous sommes disposé à considérer ces divers gisements comme pouvant être contemporains de ceux d'Igornay par le double motif qu'ils sont voisins de la bordure des terrains anciens, et qu'ils sont accompagnés de gisements de bois silicifiés de l'âge de ceux d'Igornay (Reclennes-Sud, Lovernay, Chantal). Mais il faut admettre aussi, pensons-nous, que les couches d'Igornay s'appauvrissent du côté de l'Ouest, sans quoi elles eussent assurément donné lieu à quelques tentatives d'exploitation un peu suivies ; il est probable également que la puissante formation schisteuse d'Igornay et de Saint-Léger du Bois se transforme, se modifie en devenant plus gréseuse, car on n'a signalé nulle part la présence d'assises de schistes particulièrement puissantes ; il y aurait là un phénomène analogue à celui que nous venons de signaler pour la lisière Sud du bassin.

Caractères généraux. — Au-dessus des couches d'Igornay on rencontre un dépôt puissant constitué essentiellement par des grès avec poudingues subordonnés ; cette assise contient peu de bancs de schistes, et un seul de ces derniers est assez bitumineux pour avoir motivé des tentatives d'exploitation.

La coupe du puits Saint-Georges fait connaître la formation de grès

Faisceau des grès de Lally.

qui surmonte le faisceau d'Igornay. Ces grès affleurent sur les flancs du mamelon situé entre Lally et Saint-Léger du Bois, et sont exploités dans diverses carrières importantes, désignées sous le nom de carrières de Lally.

La partie supérieure de cette formation de grès a été recoupée par le sondage, dit de Lally, dont nous donnons la coupe (pl. IV, fig. 8).

Au-dessus de ces grès, on trouve une couche de schistes bitumineux exploitée autrefois à Lally et à Champsigny.

Cette couche est elle-même surmontée d'une nouvelle formation de grès dont le puits de Champsigny (pl. IV, fig. 9) a fait connaître la composition.

Nous n'avons aucune coupe qui se rapporte à l'intervalle compris entre la Grande Couche et les terrains du puits de Champsigny; cependant, on peut constater, tant à Ravelon que dans le district de la Comaille, que le mur de la Grande Couche est constitué par une épaisse formation de poudingues; d'autre part, nous ne connaissons aucune couche de schistes bitumineux qui soit intermédiaire entre la Grande Couche et le gîte de Lally, nous sommes donc amené à penser que l'intervalle compris entre ces deux gisements est essentiellement constitué par des grès.

Couche de Lally. — La couche de Lally, qui a motivé l'institution des deux concessions de Champsigny et de Lally, affleure sur le mamelon situé au Sud du hameau de Lally. Elle présente dans la région des affleurements la composition suivante.

> 0,80 à 1^m,00. Schistes bitumineux d'assez bonne qualité renfermant
> des grains de quartz.
> 1^m,00. Schistes peu riches.
> 0^m,40. Schistes stériles.
> 0,20 à 0^m,30. Schistes d'assez bonne qualité.
> 0,30 à 0^m,40. Schistes stériles.

En profondeur le gîte s'appauvrit; au puits de Champsigny, le banc supérieur renfermait de nombreuses barres gréseuses, qui paraissaient provenir d'une grande augmentation des grains quartzeux signalés ci-dessus dans la zone des affleurements. Cette circonstance rendait la couche inexploitable; aussi a-t-on, depuis 1877, suspendu tous travaux d'extraction ou d'exploration.

Dans ses plus belles parties, la couche ne donnait qu'un rendement de 4,5 0/0 d'huile brute ayant une densité variant de 0,85 à 0,90.

Prolongement de la couche de Lally. — La couche de Lally se poursuit à l'Est jusqu'au hameau de Champécueillon, où elle disparaît sous les alluvions. Du côté du Sud, on n'a signalé aucun gîte qui puisse lui correspondre. Il est d'ailleurs probable que l'altération constatée au puits de Champsigny va en s'accentuant du côté du Sud, et que la couche schisteuse et bitumineuse est progressivement remplacée par une assise de grès ou de grès schisteux.

Du côté de l'Ouest, l'affleurement est brusquement interrompu, en face du hameau de Muse, par une faille importante dont il sera question plus loin.

Dans la partie Ouest du bassin on ne connaît pas l'équivalent du gisement de Lally; cependant, il serait possible que dans la concession du Poisot, une couche rencontrée au delà d'une faille, qui avait interrompu la Grande Couche, correspondît à celle de Lally : la flore, la constitution du gîte, la qualité du minerai autoriseraient dans une certaine mesure cette assimilation.

Cette couche dite « couche de la Revenue » présentait la composition suivante :

$1^m,10$. Schistes bitumineux.
$0^m,30$. Schistes stériles.
$0^m,70$. Schistes bitumineux riches.
$0^m,02$. Nerf (argile blanche).
$0^m,80$. Schistes bitumineux peu riches.

Le minerai ne rendait que 3,5 0/0 d'huile brute ayant une densité de 0,875 à 0,880.

Prolongement de l'étage des grès de Lally. — Les grès de Lally sont représentés en partie à Sully par les bancs de la partie supérieure du puits de Marvelay (pl. IV, fig. 5), mais ils se chargent de poudingues. Nous sommes disposé à penser qu'il y a lieu de rattacher également à cet étage une puissante formation de grès, et surtout de poudingues, qui s'étend entre Noiron et les Fées, au Nord de Marvelay. L'absence d'assises schisteuses et bitumineuses, celle de gîtes de bois silicifiés, le grand développement des poudingues, la situation de cette formation en face de Saint-Léger du Bois et de Champsigny exactement sur l'alignement des assises de ces deux localités, semblent justifier cette assimilation. Disons encore, en faveur de cette hypothèse, qu'il est naturel de trouver dans la région Sud du bassin une transformation des grès en poudingues, transformation constatée directement d'ailleurs au puits de Marvelay.

La région Ouest du bassin est trop disloquée par des failles, et trop recouverte par des bois ou par des alluvions, pour qu'il soit possible d'y reconnaître l'étage des grès de Lally; il doit cependant exister, au moins en partie, au mur de la Grande Couche, dans le district de la Comaille.

La flore de l'étage d'Igornay-Lally est connue par les empreintes recueillies dans les mines d'Igornay et dans celles de Lally.

Flore de l'étage d'Igornay-Lally.

Les espèces les plus caractéristiques de cette flore sont, d'après M. Renault, les suivantes :

Callipteris (rares, mais apparaissent déjà à Igornay).	*Stigmaria ficoides.*
Callipteridium Rochei.	*Sphenozamites Rochei.*
Nevropteris Planchardi.	*Cordaicarpus.*
Sigillaria spinulosa.	*Pachytesta gigantea.*
— *Brardi.*	— *crassa.*
Syringodendron pescapræ.	*Trigonocarpus.*
— *alternans.*	*Polypterospermum.*
	Codonospermum.

abondants. *(pour Pachytesta gigantea, crassa, Trigonocarpus, Polypterospermum, Codonospermum)*

Grâce aux patientes et savantes recherches de MM. Roche, les gisements d'Igornay ont fourni une riche faune qui a été étudiée principalement par M. Gaudry. Nous empruntons aux diverses publications de ce dernier[1] et à

Faune.

1. *Comptes rendus de l'Académie des sciences,* 20 août 1866.
Nouvelles Archives du muséum, 1867.
Bulletin de la Société géologique, 2ᵉ série, t. XXV, p. 576.

une note de M. Emile Roche[1] la liste des espèces trouvées à Igornay :

Crustacés.	*Cyproïdes.* *Nectotelson Rochei* [2] (Brocchi).
Poissons.	*Palæoniscus Blainvillei* (Agassiz). — *Voltzi* — — *angustus* — *Pygopterus Bonnardi* — *Megapleuron Rochei* (Gaudry). *Pleuracanthus Frossardi* (Gaudry). *Acanthodes* —
Reptiles.	*Actinodon Frossardi* — *Euchirosaurus Rochei* — *Stereorachis dominans* — *Protriton Petrolei* — (Probable mais encore incertain). Nombreux *coprolithes.*

Age
de l'étage
d'Igornay-Lally. La flore d'Igornay renferme encore beaucoup d'espèces houillères, cependant les Callipteris font déjà leur apparition.

D'autre part, la faune est sensiblement la même que celle fournie par les assises les plus élevées de la formation des Schistes bitumineux du bassin d'Autun, tandis que cette faune fait défaut dans le Houiller supérieur.

Enfin, la présence de couches bitumineuses, et de bancs calcaires dolomitiques, rattache encore le faisceau d'Igornay aux assises permiennes les mieux caractérisées de l'Autunois, et le sépare assez nettement du terrain houiller.

Comptes rendus de l'Académie des sciences, 15 février 1875.
Bulletin Soc. géologique, 3e série, t. IV, p. 720.
— — — t. VII, p. 62.
Comptes rendus de l'Académie des sciences, 16 décembre 1878.
— — — 18 octobre 1880.
— — — 21 mars 1881.
— — — 16 mai 1884.
Bulletin Soc. géol., 3e série. t. XIII, p. 44.
— — — t. XIV, p. 430.
1. *Bulletin de la Société géologique,* 3e série, t. IX, p. 78.
2. — — — — t. VIII.

C'est donc à la base du Permien qu'il y a lieu de placer les couches d'Igornay, et par conséquent l'étage d'Igornay-Lally.

Le bassin d'Autun ne présente aucune coupe complète permettant d'évaluer d'une façon un peu exacte l'épaisseur de l'étage d'Igornay-Lally.

Épaisseur de l'étage d'Igornay-Lally.

Une coupe Nord-Sud passant par la mine de Lally et aboutissant à l'affleurement des couches d'Igornay donnerait, en admettant qu'il n'y ait pas d'accidents intermédiaires, une puissance de 200 à 250 mètres à la formation située au-dessous de la couche de Lally. Il nous paraît probable, vu l'absence d'affleurements connus de la Grande Couche au Sud de Champsigny, qu'une distance au moins égale sépare la couche de Lally de ce gisement. Aussi pensons-nous qu'on peut estimer approximativement à 400 ou 500 mètres la puissance de l'étage inférieur de la formation des Schistes bitumineux.

§ 2. — *Étage de la Comaille-Chambois.*

Caractères généraux. — L'étage de la Comaille-Chambois comprend à la base une couche de schistes bitumineux la plus importante de l'Autunois dite « Grande Couche », puis une alternance de bancs de grès et de schistes avec prédominance des grès; quelques assises schisteuses sont bitumineuses, et une couche de houille apparaît à Chambois dans la zone supérieure de l'étage.

Considérations générales.

La coupe du puits Sainte-Marie de la concession de la Comaille (pl. IV, fig. 10) fait connaître les assises qui constituent le toit de la Grande Couche.

Les coupes des puits n° 2 et n° 5 du Chambois, indiquent les formations situées au toit et au mur de la couche de houille (pl. IV, fig. 11 et 12).

Ces coupes ne fournissent malheureusement des indications que sur une partie de l'étage de la Comaille-Chambois, mais il est impossible en l'état de nos connaissances de suppléer à cette lacune.

La coupe du puits de Chambois n° 2 montre au-dessous des couches de houille une épaisse formation de grès. Ces derniers affleurent sur la pente du mamelon de Chambois et sont exploités pour pierres de taille[1].

Calcaires magnésiens. — Cet étage renferme des bancs de calcaires magnésiens; à la Comaille, près de la route d'Autun à la Selle, existait jadis une carrière dans laquelle on exploitait un banc de calcaire dolomitique déjà signalé en 1836 par l'abbé Landriot. Ce calcaire avait une teinte gris noirâtre ou gris cendré, il renfermait quelques fossiles rares et indéterminables (probablement des cypris).

A Chambois, d'après Manès, les schistes bitumineux contenaient des rognons calcaires disposés suivant les lits de stratification.

Au sud d'Igornay, sur la rive gauche de la Canche, affleure un banc de calcaire magnésien gris jaunâtre; sur le sommet de la colline qui longe la Canche et en face d'Igornay, on retrouve des débris de calcaires dolomitiques. Enfin on a signalé également la présence de calcaires dans la concession de Ravelon.

Disons incidemment que ces calcaires rappellent, par leur aspect et leur texture, ceux déjà mentionnés à Igornay.

Bois silicifiés. — On rencontre dans cette formation une grande abondance de bois silicifiés, dont les gisements ont été figurés sur la carte par M. Renault. Ces bois sont généralement épars à la surface du sol, cependant des exemplaires ont été trouvés engagés dans des schistes qu'a mis à découvert la tranchée du chemin de fer de Dracy à Avallon, au Nord-Est de Dracy-Saint-Loup.

Grande Couche de schistes bitumineux.   *Deux groupes de concessions.* — La Grande Couche est connue dans deux régions différentes. A l'Ouest elle a donné lieu, dans le district que nous appellerons district de la Comaille, à trois concessions (Comaille, Ruet, Poisot).

Dans la région du centre du bassin, elle a motivé l'institution des con-

---

1. C'est dans ces carrières que M. Renault a fait la découverte très intéressante, dont nous parlerons tout à l'heure, d'un mollusque terrestre fossile (Pupa Walchiarum).

cessions de Dracy-Saint-Loup, des Abots, de Chevigny, des Miens, de Sur-moulin, de Ravelon et probablement de Saint-Forgeot. Nous désignerons ce district du centre sous le nom de district de Dracy-Saint-Loup. Nous étu-dierons successivement ces deux districts.

District de la Comaille. — *Caractères généraux.* — Dans le district de la Comaille, la Grande Couche présente une composition assez constante, qui peut se résumer dans le tableau ci-dessous :

DÉSIGNATION DES BANCS.	POISOT. ÉPAISSEURS moyennes.	COMAILLE. ÉPAISSEURS moyennes.	RUET. ÉPAISSEURS moyennes.
Schistes bitumineux. (Banc du toit appelé *Couronne*.) . .	$0^m,70$	$0^m,80$	$0^m,80$
Barre blanche argileuse	0 03	0 05	0 06
Schistes bitumineux. (Banc dit *banc carré*.)	0 27	0 25	0 30
Barre blanche argileuse	0 01	0 01	0 01
Schistes bitumineux. (Banc dit de *demi-couronne*.) . . .	0 65	0 75	0 90
Barre blanche argileuse	0 01	0 01	0 01
Schistes bitumineux. (Banc dit *banc de pied*.)	0 75	0 90	1 20
Banc de havage. (Schistes stériles)	0 10	0 15	0 05

Les quatre bancs différents qui forment la couche n'ont pas la même richesse.

Le *banc carré* est le plus riche, son rendement serait de 8,5 à 9 0/0.

La *demi-couronne* aurait un rendement compris entre 6,50 0/0 et 7,5 0/0.

Pour le *banc de pied* le rendement varierait entre 5,5 0/0 et 6 0/0.

La *couronne* serait plus pauvre encore et ne donnerait que 4,5 à 5 0/0; aussi a-t-on, dans certains quartiers (notamment au Ruet), évité de l'ex-ploiter.

Les rendements moyens des gîtes sont les suivants :

	POISOT.	COMAILLE.	RUET.
Ensemble de la couche.	6,5 0/0	6,0 0/0	5,8 0/0
Couche sans le banc de *Couronne*.	7,1 0/0	6,6 0/0	6,2 0/0
Densité de l'huile brute	0,870 à 0,875	0,868 à 0,872	0,855 à 0,860

Des essais, opérés dans une usine à gaz, auraient établi que 100 kilos de minerai de la Grande Couche donneraient, par leur distillation, environ 17 à 18 mètres cubes de gaz d'éclairage, possédant un pouvoir éclairant supérieur à celui du gaz de houille.

Les trois barres blanches argileuses de nature plus ou moins réfractaire, qui divisent le gîte, constituent un caractère général pour la Grande Couche, et fournissent ainsi un excellent point de repère. On retrouve des barres blanches dans d'autres gîtes bitumineux, mais il n'y a alors qu'une seule barre d'une continuité douteuse.

Il est assez intéressant de constater que ces barres de nature réfractaire paraissent se rencontrer seulement au contact des assises bitumineuses, et qu'elles n'ont pas encore été signalées dans les bancs de schistes stériles. Un fait analogue a lieu dans le département de la Loire où Gruner a signalé l'existence, directement au mur de diverses couches de houille, d'assises d'argiles réfractaires[1]:

Disons incidemment que dans certains quartiers, notamment au Ruet, le nombre des barres blanches est parfois supérieur à trois et qu'il peut être de quatre ou même de cinq; mais ces barres supplémentaires n'existent que sur une faible étendue.

Nous allons passer rapidement en revue les travaux exécutés sur la Grande Couche dans le district de la Comaille.

1° *Concession du Ruet.* — Au Ruet le gîte exploité est compris entre deux failles convergentes figurées sur la carte; l'extraction est actuellement opérée par une descenderie.

---

1. *Bassin houiller de la Loire*, t. I, p. 26.

Au delà de la faille de l'Est s'étend la concession de la Comaille; au delà de la faille de l'Ouest le gîte est rejeté en profondeur d'une quantité inconnue, et toute la partie occidentale de la concession est inexplorée.

2° *Concession de la Comaille.* — Le gîte de la Comaille est divisé, par des accidents figurés sur la carte, en quatre lambeaux différents :

Quartier du puits Marcel compris entre la limite du Ruet et un accident situé à l'Est du puits;

Quartier du puits Sainte-Marie compris entre deux failles parallèles; le gîte y a été exploité jusqu'à la profondeur de 50 mètres;

Quartier du Pré-Charmoy, où quelques travaux ont été jadis pratiqués à ciel ouvert sur un affleurement visible près des rives du Ternin; le gîte est limité au Nord par un accident, son prolongement du côté du Sud-Est n'a pas été recherché et n'est pas connu;

Quartier du Pont-Renaud, situé entre la limite de la concession du Poisot et la faille mentionnée ci-dessus; l'exploitation y a été opérée jusqu'à la profondeur de 35 mètres.

Les travaux d'extraction sont actuellement concentrés dans le quartier du puits Marcel.

3° *Concession du Poisot.* — Le gîte du Poisot est le prolongement de celui du Pont-Renaud; il est limité au Sud par la concession de la Comaille, et du côté du Nord par un accident important qui amène au jour des assises plus anciennes. Il a été exploité jusqu'à la profondeur de 57 mètres. Tous travaux ont été suspendus dans cette concession depuis 1885.

District de Dracy-Saint-Loup. — *Caractères généraux.* — Dans le district de Dracy-Saint-Loup la Grande Couche apparaît trois fois par l'effet de failles sensiblement dirigées de l'Est à l'Ouest. Un premier affleurement se montre près du village de Cordesse; il a motivé les institutions des concessions des Abots, de Dracy-Saint-Loup et probablement de Saint-Forgeot. Un deuxième affleurement a été constaté près du hameau de Chevigny, et a motivé les deux concessions de Chevigny et des Miens. Enfin un troisième affleurement peut s'observer du moulin de Surmoulin au hameau d'Échaulée; il a fait l'objet des concessions de Surmoulin et de Ravelon.

Dans ce district la couche a une composition assez analogue à celle qu'elle présente dans le district de la Comaille. Le tableau suivant la fait connaître.

DÉSIGNATION DES BANCS.	DRACY ET ABOTS. Épaisseur.	CHEVIGNY ET MIENS. Épaisseur.	SURMOULIN. Épaisseur.	RAVELON. Épaisseur.
Schistes bitumineux (*couronne*). . . .	1ᵐ,20	0ᵐ,80	Les travaux étant suspendus depuis plus de 20 ans, nous n'avons pu nous procurer une coupe détaillée. Nous savons seulement que la couche avait une épaisseur de 3 m. à 3ᵐ,50, et qu'elle était divisée par 3 barres blanches argileuses.	0ᵐ,50
Barre blanche argileuse.	0,02 à 0,04	0,02 à 0,04		0,02 à 0,04
Schistes bitumineux (*banc carré*). . .	0,80	0,40		0,35
Barre blanche argileuse.	0,02 à 0,04	0,02 à 0,04		0.02
Schistes bitumineux (*demi-couronne*).	0,25	0,80		0,75
Barre blanche argileuse.	0,02 à 0,04	0,02 à 0,04		0,04
Schiste bitumineux (*banc de pied*). .	1,10	0,70		1,10
Schistes stériles				

On retrouve là, comme dans le district de la Comaille, les trois barres argileuses caractéristiques de la Grande Couche.

Les divers bancs bitumineux ont des richesses différentes.

Chevigny et Miens.
- Couronne, rendement moyen. 4,5 à 5 0/0
- Banc carré — — 7 0/0
- Demi-couronne, rendement moyen. 5,5 0/0
- Pied — — 6,25 0/0
- Densité de l'huile brute, 0,870.

Ravelon.
- Couronne, rendement moyen. 5,25 à 5,75 0/0
- Banc carré — — 4,75 à 5 » 0/0
- Demi-couronne et pied. 4,05 0/0
- Densité de l'huile brute, 0,885.

Il est à remarquer que le *banc carré* ne constitue pas à Ravelon l'assise la plus riche, ainsi que cela a lieu à Chevigny et dans le district de la Comaille[1].

Nous allons passer sommairement en revue les travaux exécutés dans les diverses concessions de ce district.

Concessions des Abots et de Dracy-Saint-Loup. — Les travaux ont été arrêtés à l'Ouest par une faille qui n'a pas été traversée, et à l'Est par la proximité de la rivière d'Arroux; ils ont été peu développés, et sont suspendus depuis 1878. La couche y était régulière et de belle apparence, malgré un plissement très accentué que met en évidence sur la carte le tracé des affleurements.

Du côté de l'Est, les affleurements disparaissent sous les alluvions de l'Arroux; ils ne sauraient d'ailleurs se prolonger d'une façon notable, parce qu'on rencontre bientôt, dans cette direction, les concessions d'Igornay et de Champsigny, qui ne renferment que des gîtes inférieurs à la Grande Couche. Il y a donc un accident important entre Cordesse et Igornay.

Concession de Saint-Forgeot. — La concession de Saint-Forgeot a été instituée à la suite de la découverte d'une couche de 3 mètres à 3^m,50 de puissance qui fournissait, d'après les rapports des Ingénieurs des mines du département de Saône-et-Loire, des schistes de très bonne qualité, et avait été assimilée par eux à la Grande Couche. Aucun travail d'exploitation n'ayant été pratiqué, nous ignorons si cette opinion était fondée; en tout cas elle est fort admissible. Le gisement de Saint-Forgeot se relierait alors à ceux de Dracy et des Abots.

Concessions de Chevigny et des Miens. — Les travaux d'exploitation, encore en activité, poursuivis dans les concessions des Chevigny et de Miens sont peu développés; ils s'étendent seulement sur 350 mètres en direction et sur 140 mètres suivant l'inclinaison.

Du côté de l'Ouest les affleurements sont connus jusqu'en face du hameau d'Aisey; du côté de l'Est, ils ne tardent pas à disparaître; on arrive

---

1. Nous croyons devoir dire que les rendements mentionnés ci-dessus ne résultent pas d'essais opérés par nous; les chiffres ont été fournis par les exploitants.

en effet, au delà du hameau de Muse, dans la région des grès de Lally. Il y a donc là encore un accident qui limite du côté de l'Est la Grande Couche; il est naturel d'admettre, comme nous l'avons fait, que ce soit le même accident qui interrompe à la fois les gîtes de Cordesse et ceux de Chevigny.

Concessions de Ravelon et de Surmoulin. — Les travaux de Surmoulin ont été pratiqués sur un affleurement situé sur le bord de l'Arroux, un peu au Sud du moulin de Surmoulin. Ils ont duré peu de temps; ils étaient gênés par l'affluence des eaux.

Du côté de l'Ouest on a, paraît-il, reconnu le prolongement du gîte à 300 ou 400 mètres au delà de l'Arroux.

Du côté de l'Est on rencontre, d'une façon à peu près continue, entre les hameaux de la Vesvre et de l'Échaulée, les affleurements de la Grande Couche; c'est le gîte de Ravelon. Les travaux de Ravelon sont poursuivis activement; ils s'étendent en direction sur une longueur d'environ 1.200 mètres, leur largeur maximum est de 400 mètres. La couche n'y est pas très régulière; elle est sujette, surtout aux environs de la Vesvre, à des appauvrissements qui règnent parfois sur de grandes étendues. Au delà du hameau de l'Échaulée, les affleurements de la Grande Couche disparaissent sous les alluvions; le gîte vient d'ailleurs vraisemblablement buter, comme nous le dirons plus loin, contre le prolongement du grand accident qui limite la Grande Couche à l'Est de Cordesse et de Muse.

Accidents qui affectent la Grande Couche. — Nous avons déjà fait connaître les accidents principaux qui affectent la Grande Couche dans les districts de la Comaille et de Dracy-Saint-Loup. Les travaux ont fait connaître encore de nombreuses autres failles de moindre importance, qui n'influencent pas les gisements d'une manière bien sensible et n'ont pas été figurées sur la carte.

Mais on constate, en outre, la présence de serrements ou étranglements, souvent multiples et parfois très larges, qui constituent pour les exploitants une gêne sérieuse. Ces étranglements paraissent être, dans bien des cas, dus à des étirements de la couche accompagnés de petites failles, dont l'observation est rendue facile par la présence des barres blanches. Ces failles sont alors très nombreuses, très rapprochées, et ont des plongées variables. Dans les serrements de cette nature les barres argileuses existent toujours, mais amincies.

D'autres serrements paraissent devoir être attribués au contraire à des phénomènes de sédimentation. Ainsi, dans la région Ouest de la mine de Ravelon la couche est appauvrie sur une grande étendue ; sa puissance est réduite parfois à moins de 1 mètre, et elle ne possède plus alors que deux barres blanches qui sont, en revanche, plus épaisses que celles du gîte normal. Cette constatation permet, pensons-nous, de dire que l'appauvrissement de la couche tient dans ce cas à un accident de sédimentation, et non à des phénomènes d'étirement survenus postérieurement.

Parfois aussi on constate dans certains quartiers, notamment à Ravelon, la présence d'une quatrième barre, qui ne se maintient pas d'ailleurs sur une grande étendue.

Gisements de la Grande Couche. — La Grande Couche n'est connue que dans les localités que nous avons citées plus haut; nous avons déjà dit que les gîtes du district de Dracy-Saint-Loup étaient limités du côté de l'Est par un accident; du côté de l'Ouest, ils ne paraissent pas exister non plus dans une grande zone de 5 à 6 kilomètres de largeur située à l'Ouest de Dracy-Saint-Loup, entre Saint-Forgeot et le château de Varolles; cette zone est occupée par des assises supérieures à la Grande Couche; il doit donc y avoir, comme nous le verrons plus loin, une faille importante arrêtant du côté de l'Ouest les affleurements des gîtes du district de Dracy.

Sur la lisière Sud, on a bien trouvé, aux environs d'Autun, des bois silicifiés de l'étage moyen, mais on n'a pas signalé de gîtes bitumineux comparables à la Grande Couche. Il est probable que cette dernière se stérilise du côté du Sud, comme le fait le faisceau bitumineux de l'étage inférieur.

Constitution de la formation. — La constitution des assises surmontant la Grande Couche ne nous est donnée que par la coupe du puits Sainte-Marie de la Comaille, et celles des puits n° 2 et n° 5 de Chambois.

Grès et schistes supérieurs à la Grande Couche.

La coupe du puits Sainte-Marie indique, au-dessus de la Grande

Couche, une alternance de grès et de schistes contenant un banc bitumineux de 1ᵐ,40 d'épaisseur qui n'a jamais, à cause de sa pauvreté, été l'objet d'explorations.

Des deux coupes des puits de Chambois, il ressort que les assises situées au toit et au mur des couches de houille sont principalement des grès fins et des grès schisteux, avec quelques rares bancs de poudingues; les schistes y sont beaucoup moins développés que les grès; on n'a constaté en effet qu'une assise un peu épaisse de schistes, en partie bitumineux, qui a été traversée par le puits n° 2 entre 110 et 125 mètres (cette couche paraît être la même que celle reconnue au hameau des Guyards, et figurée sur la carte). Les autres bancs schisteux sont peu épais; quelques-uns, notamment au voisinage des couches de houille, sont bitumineux.

Il existe une lacune entre la partie supérieure du puits Sainte-Marie de la Comaille et la partie inférieure du puits n° 2 de Chambois; il est probable que les formations non reconnues sont aussi constituées principalement par des grès.

Nous n'avons aucune indication non plus sur la région comprise entre Chambois et les gîtes inférieurs de Millery, c'est-à-dire sur la zone de passage de l'étage moyen à l'étage supérieur; il n'a été pratiqué aucun travail d'exploration et les affleurements sont complètement masqués par les alluvions tertiaires.

Il nous reste à donner quelques détails sur les gîtes de houille et de schistes bitumineux de cette formation.

Gîtes de houille. — 1° *Gîte de Chambois.* — Le puits n° 2 a recoupé trois veines charbonneuses, mais celle inférieure est sans importance et n'a été l'objet d'aucune exploration.

Les deux autres veines ont été exploitées de 1826 à 1863.

La couche supérieure avait une épaisseur variant de 0ᵐ,25 à 1 mètre; mais lorsqu'elle atteignait ce dernier chiffre, elle devenait très barrée; il y avait notamment au toit un banc de 0ᵐ,30 de charbon impur et inexploitable.

La houille avait la composition suivante :

                Matières volatiles.   33,50
                Carbone.   50,50
                Cendres.   16,00
                Proportion des matières volatiles, cendres déduites [1] . .   40 0/0

Le gîte renfermait un peu de grisou.

La seconde couche, située à trois ou quatre mètres plus bas, était encore moins avantageuse que la première; aussi a-t-elle été peu explorée.

De nombreux puits ont été foncés jadis dans la concession de Chambois, mais cinq seulement ont eu quelque importance : les puits Mazagran, n° 5, de la République, n° 2, Georges.

Les travaux furent suspendus en 1863 après avoir occasionné d'assez grosses pertes d'argent, et il n'y a aucune probabilité pour qu'ils soient l'objet d'une reprise.

Gîte de houille de Cordesse. — A Cordesse, près des rives de l'Arroux, sur la berge assez escarpée qui limite le bois des Miens, affleure une couche de houille ayant environ $0^m,70$ à $0^m,80$ de puissance. Un puits de 20 mètres de profondeur a rencontré le gîte avec une épaisseur de $0^m,50$, mais la qualité du combustible était fort médiocre. Un autre puits avec travers bancs a reconnu seulement un gîte de $0^m,30$ à $0^m,35$; à la suite de ces constatations les recherches ont été suspendues en 1863.

La couche de Cordesse nous semble être plus rapprochée de la Grande Couche de schistes bitumineux que celle de Chambois, il serait donc possible que, tout en faisant partie du même étage, elle fût située à un niveau un peu inférieur.

Gîte de houille des Baujards. — En 1879, on reconnut, près du hameau des Baujards, un affleurement charbonneux présentant la coupe suivante :

                0,10 houille de bonne qualité.
            0,05 à 0,15 schistes argileux.
                0,40 houille (partie inférieure du banc schisteuse et mau-
                        vaise).
            0,10 à 0,15 schistes charbonneux contenant des grains de quartz.

1. Estaunié, *op. cit.*

Le gîte avait, aux affleurements, une plongée de 30 0/0 du côté de l'Ouest. Un sondage de 95 mètres de profondeur, foncé à l'aval pendage, n'a rien trouvé.

Il est possible que cette couche soit l'équivalent de celle de Chambois; elle paraît d'ailleurs occuper la partie tout à fait supérieure de l'étage moyen, car M. Renault a trouvé près des Cheminots, à l'Est des Baujards, des empreintes indiquant un horizon géologique très élevé, voisin de celui de Millery.

Schistes bitumineux. — Nous avons déjà mentionné les schistes bitumineux supérieurs à la Grande Couche, reconnus dans le district de la Comaille et dans celui de Chambois. On retrouve, dans le district de Dracy-Saint-Loup, divers bancs bitumineux qui doivent être synchroniques des précédents.

Nous citerons :

Ceux du bois des Miens, de la tranchée du chemin de fer de Dracy à Avallon, et du village de Dracy qui appartiennent à des assises supérieures à la Grande Couche de Cordesse;

Celui du hameau de Ravelon qui fait partie du faisceau supérieur à la Grande Couche de Chevigny;

Enfin ceux de la concession du Cerveau qui seraient compris dans la formation surmontant la Grande Couche de Ravelon. On a reconnu au Cerveau quatre couches fort voisines les unes des autres, disposées comme il suit :

> *Couche* n° 1. $0^m,60$. — Minerai impur; barre blanche argileuse de
> $0^m,10$ au milieu de la couche.
> Grès et schistes stériles, $0^m,80$.
> *Couche* n° 2. $1^m,00$. — Minerai de médiocre qualité.
> Grès argileux, $1^m,30$.
> *Couche* n° 3. $1^m,00$. — Minerai compact à grains fins, $1^m,00$.
> Grès argileux micacé.
> *Couche* n° 4. $0^m,40$. — Minerai feuilleté.

La plongée des bancs était faible (3 0/0 seulement). La couche n° 3 a été seule l'objet de quelques travaux d'exploitation, elle donnait en moyenne

4 0/0 d'huile ayant une densité de 0,870. Ces travaux ont été suspendus en 1864.

L'étage moyen occupe dans le bassin d'Autun de vastes espaces.

Districts occupés
par l'étage
de la
Comaille-Chambois.

A *l'Ouest*, il comprend les quartiers de la Comaille (zone située au-dessus de la Grande Couche) et de Chambois, et il y a certainement lieu d'y rattacher, d'après les empreintes végétales recueillies, une partie des formations qui constituent le triangle situé entre Verrière et la rivière de la Selle. Il est difficile de dire jusqu'où s'étend cet étage au Sud de la Comaille et de Chambois, on rencontre bientôt en effet dans cette direction les gîtes de boghead de Margenne et de Millery, qui appartiennent à l'étage supérieur.

La discordance complète d'allures que présentent la couche de boghead et la Grande Couche, l'intervalle insuffisant qui existe entre Margenne et le Ruet pour y intercaler tout l'étage moyen et une partie de l'étage supérieur, nous ont fait admettre l'existence d'une faille importante dirigée sensiblement Est-Ouest, qui s'étendrait entre le quartier de la Comaille et de Chambois et celui de Margenne et de Millery. Cette faille ne serait que le prolongement de l'accident qui doit exister près de Cortecloux, où le Houiller supérieur est presque en contact avec des assises que leur flore classe dans le Permien moyen. Les gîtes de Chambois constituent une cuvette bien dessinée par les affleurements; il est donc probable que la Grande Couche du Pré-Charmoy franchit la rivière du Ternin, et s'étend un peu à l'Est pour venir buter contre la faille précitée, de façon à suivre l'allure des couches de houille et à contourner ainsi le monticule de Chambois et de Varolles.

A *l'Est*, dans le district de Dracy-Saint-Loup, l'étage moyen paraît être limité par deux grandes failles, l'une passant par Muse et Vergoncey, l'autre passant près de Saint-Forgeot et de Saint-Denis.

Nous avons déjà dit pourquoi une faille importante existait près de Muse; nous ajouterons qu'elle doit se prolonger à l'Est de Vergoncey, parce que ce hameau est encore, d'après les gîtes de bois silicifiés, sur l'étage moyen, tandis que le massif de Noiron et des Fées appartient à l'étage inférieur, et qu'on ne saurait expliquer autrement que par une faille cette brusque terminaison de l'étage moyen venant buter contre l'étage inférieur.

Au *Sud* du bassin, l'étage moyen doit exister dans les environs d'Autun, puisqu'on trouve à Autun même et à Saint-Pantaléon des bois silicifiés caractéristiques de cet étage, mais la Grande Couche y étant devenue méconnaissable, les limites de la zone ne sauraient être définies d'une façon même approximative. La coupe du puits de la Brasserie (pl. IV, fig. 6) montre que les poudingues sont particulièrement abondants aux environs d'Autun; les grès signalés à la Comaille et à Chambois doivent devenir de plus en plus grossiers, en se rapprochant de la bordure Sud, et se transformer partiellement en poudingues. C'est déjà le fait constaté pour l'étage inférieur.

Flore
de l'étage moyen.

La flore de cet étage a un caractère permien plus accentué que celle de l'étage d'Igornay-Lally.

Les espèces les plus caractéristiques sont, d'après M. Renault, les suivantes :

Calamites Suckovii.	*Callipteris Naumanni.*
Annularia stellata.	— *lyratifolia.*
Bruckmannia tuberculata.	*Sigillaria Brardi.*
Macrostachya infundibuliformis.	— *Menardi.*
Pecopteris arborescens.	*Codonospermum anomalum.*
— *cyathea.*	— *minus.*
Odontopteris Schlotheimii (rare).	*Corduicarpus.*
Callipteris conferta.	*Trigonocarpus.*
— *prælongata.*	

Faune.

La faune de cet étage est la même que celle indiquée précédemment pour l'étage inférieur. Nous citerons, d'après M. Gaudry et M. Émile Roche, les espèces suivantes :

Crustacés.	*Cyproïdes.*
	Palæoniscus Blainvillei (Agassiz).
	— *Voltzi* —
Poissons.	— *angustus* —
	Pygopterus Bonnardi —
	Pleuracanthus Frossardi (Gaudry).
	Acanthodes.

Reptiles.
{
Actinodon Frossardi   (Gaudry).
—   *brevis*   —
Protriton petrolei   —
Pleuronoura Pellati   —
Coprolithes nombreux.
}

Cette faune a été fournie soit par les travaux d'exploitation pratiqués sur la Grande Couche, soit par des fouilles superficielles sur un affleurement bitumineux qui apparaît près du hameau de Muse et qui pourrait bien représenter aussi la Grande Couche. C'est le gisement de Muse qui a fourni le plus abondamment les poissons autrefois étudiés par Agassiz, de Blainville et l'abbé Landriot; c'est lui aussi qui a fourni le premier exemplaire d'Actinodon Frossardi trouvé dans le bassin d'Autun.

Enfin, il convient d'ajouter à cette liste un mollusque terrestre, le Dendropupa Walchiarum (Fischer) découvert par M. Renault à Chambois. Cette trouvaille est particulièrement intéressante, parce que c'est le premier mollusque terrestre qui ait été signalé dans les terrains houiller ou permien d'Europe.

Cette rareté des mollusques terrestres dans les formations continentales des époques houillère et permienne constitue, comme le fait remarquer M. Fischer[1], un fait fort singulier dont il est difficile de deviner la cause.

Les éléments nous font défaut pour évaluer avec quelque exactitude l'épaisseur de l'étage moyen.

Épaisseur
de l'étage moyen.

Le puits de Chambois n° 2 aurait dû être foncé jusqu'à la profondeur d'environ 250 ou 280 mètres pour recouper la Grande Couche, en admettant qu'il n'y ait pas d'accident entre ce puits et la Grande Couche de la concession du Poisot. Nous supposons, d'autre part, mais sans preuve certaine, que les gîtes de houille de Chambois doivent occuper la zone supérieure de l'étage moyen; dans ces conditions nous serions disposés à assigner à ce dernier étage une puissance d'environ 300 ou 350 mètres.

1. Sur l'existence de mollusques pulmonés terrestres dans les terrains permiens de Saône-et-Loire, par M. Fischer. — *Bulletin de la Société d'histoire naturelle d'Autun*, 1888.

§ 3. — *Étage de Millery.*

(Étage supérieur)

Formation essentiellement schisteuse. — L'étage de Millery est essentiellement constitué par une formation schisteuse avec quelques rares bancs de grès fins intercalés. Il renferme de nombreuses couches assez peu épaisses de schistes bitumineux, dont une de boghead.

Les coupes des puits Sainte-Marie, d'Aligny (concession de Millery) et du sondage des Chaumottes[1] (concession d'Hauterive) font connaître la constitution générale de l'étage; elles font ressortir la grande abondance des schistes et la rareté des grès (pl. IV, fig. 14, 13, 15).

Ces schistes prennent parfois, surtout dans la zone supérieure de là formation, par l'effet de l'altération due aux agents atmosphériques, une couleur brun chocolat qui rappelle celle de l'étage des grès rouges.

Couches calcaires. — Cet étage renferme de minces bancs calcaires qui ont une couleur blanc grisâtre, et sont différents d'aspect des calcaires signalés dans les étages inférieur et moyen.

Couches silicifiées et bois silicifiés. — Quelques bancs de schistes, situés au toit de la couche de boghead, sont criblés de rognons siliceux.

Enfin l'étage est particulièrement riche en bois silicifiés; la carte du bassin montre combien ces gîtes sont abondants. Deux champs ont fourni principalement, depuis longtemps, un nombre considérable de beaux échantillons: le champ de la Justice situé un peu au Nord du hameau des Étangs, et celui des Borgis situé au Sud et près du hameau des Loges. Les formations qui affleurent dans ce dernier champ nous paraissent d'ailleurs être supérieures à celles du champ de la Justice.

Gîtes exploités. — La couche de *boghead* est connue sur une longueur d'environ 7 kilomètres dans les concessions de Surmoulin, de Millery et de Margenne.

1. Nous n'avons pu, faute d'indications suffisamment précises, figurer sur la carte l'emplacement de ce sondage, qui devait être situé entre le hameau des Cours et celui des Chaumottes.

Nous donnons ci-dessous des coupes relevées dans ces trois concessions, qui font connaître la constitution du toit et du mur de la couche.

SURMOULIN.	MILLERY.	MARGENNE.
QUARTIER DES THELOTS.	ANCIENNE CARRIÈRE à ciel ouvert.	
	1,50 schistes stériles.	
	0,05 barre calcaire à noyaux de bitume.	
	0,60 schistes avec concrétions siliceuses	0,06 schistes avec concrétions siliceuses.
	2,24 schistes stériles.	
	0,11 *boghead,* dit *faux bog-head*	0,15 *faux boghead.*
Schistes stériles	0,65 schistes stériles.	
0,17 schistes bitumineux. . . .	0.27 schistes bitumineux. . .	0,10 schistes bitumineux.
0,07 barre calcaire.	0,05 barre calcaire.	0,06 barre calcaire.
0,06 schistes bitumineux . . .	0,04 schistes bitumineux. . .	0,06 schistes bitumineux.
0,25 *Boghead*	0,23 *Boghead*	0,25 *Boghead.*
0,10 schistes bitumineux . . .	0,19 schistes bitumineux. . .	0,15 schistes bitumineux.
(Gisement habituel du *Potriton petrolei*)	(Gisement habituel du *Protriton*).	(Gisement habituel du *Protriton.*)
		0,10 schistes gréseux un peu bitumineux.
1,20 schistes stériles	0,45 schistes stériles.	0,60 schistes stériles.

Le boghead est, malgré sa faible puissance, exploité dans les trois concessions précitées.

Le gîte présente, dans les mines de Surmoulin et de Millery, une particularité fort singulière, dont il paraît difficile de donner une explication plausible. Il s'étrangle à une certaine profondeur et n'est plus représenté ensuite que par de minces lentilles de boghead irrégulièrement réparties ; c'est à cette circonstance qu'est dû l'insuccès du puits d'Aligny qui a reconnu seulement des traces de boghead.

Le gisement exploitable serait ainsi limité au Nord par les affleurements, et au Sud par une ligne de serrements légèrement oblique par rapport à celle des affleurements; il formerait une zone ayant, dans les parties reconnues, une largeur variant de 150 à 450 mètres.

Du côté de l'Est la couche s'étrangle également un peu au delà de la voie ferrée; divers sondages pratiqués dans cette direction n'ont rencontré que des traces de boghead.

A l'Ouest, son prolongement du côté de Monthelon n'a pas été recherché.

Il n'a pas été reconnu dans l'étage permien supérieur d'autres couches de boghead exploitables. Cependant l'insuffisance des explorations autorise à penser que de nouvelles découvertes ne seraient pas absolument impossibles.

Il est d'ailleurs à remarquer que les schistes de l'étage supérieur renferment fréquemment des veinules de boghead reconnaissables à leur éclat résineux, caractère qui peut être de quelque utilité dans les explorations géologiques.

Propriétés du boghead. — Ce minerai intéressant est exclusivement employé pour la fabrication du gaz d'éclairage.

Sa densité varie de 1.30 à 1.44; elle est plus élevée à Margenne qu'à Surmoulin.

La teneur en cendres est comprise entre 35 et 48 0/0.

La composition élémentaire moyenne est la suivante :

Carbone.	80 0/0
Hydrogène.	10 0/0
Oxygène et azote.	10 0/0

Les couches de schistes bitumineux renferment plus de carbone et moins d'oxygène.

Un mètre cube de boghead donne, par la distillation, 480 à 500 mètres cubes de gaz ayant un pouvoir éclairant égal à deux fois au moins celui du gaz de houille [1].

<hr>

[1]. Documents empruntés à une note de M. Aymard. — *Comptes rendus mensuels de la Société de l'Industrie minérale,* 1880, p 171.

Nous avons déjà mentionné les bancs de schistes bitumineux qui sont au contact du boghead, et qui sont exploités en même temps que ce dernier. L'étage supérieur renferme encore de nombreuses couches de schistes bitumineux situées soit au-dessus, soit au-dessous du boghead; mais ces couches n'ont jamais donné lieu qu'à des tentatives d'exploitation bientôt abandonnées.

Concession de Millery. — Des travaux de reconnaissance, d'ailleurs superficiels, auraient, d'après des documents déjà anciens et dont il est impossible de contrôler l'exactitude, constaté l'existence, au mur de la couche de boghead, de douze affleurements de couches bitumineuses réparties sur un intervalle de 1.400 à 1.500 mètres. La puissance de ces gîtes variait de $0^m,60$ à 2 mètres.

La couche la plus épaisse (2 mètres) a été exploitée jadis à ciel ouvert, et a été recoupée par le puits Louise à la profondeur de 41 mètres, mais n'a été l'objet d'aucun travail d'exploration souterraine.

Au Sud du puits Louise, une exploitation à ciel ouvert a été pratiquée jadis sur une de ces couches qui n'avait qu'une puissance de $0^m,60$, mais qui donnait du minerai assez riche.

Le puits Sainte-Marie, foncé à l'aval pendage de cette couche, a été arrêté à la profondeur de 90 mètres par suite de l'affluence des eaux; il aurait recoupé divers bancs bitumineux, dont deux seulement un peu riches, aux profondeurs de 12 et de 41 mètres, avec les épaisseurs respectives de $0^m,75$ et de $1^m,20$. Le fonçage aurait rencontré également quelques filets calcaires et des veinules de boghead.

Enfin trois autres couches ont été momentanément exploitées à ciel ouvert, au Sud du puits Sainte-Marie.

Concession des Thélots. — Aux Thélots, un puits de 6 mètres de profondeur a recoupé une couche de schistes bitumineux feuilletés de 1 mètre de puissance; un autre puits, profond de 14 mètres, aurait rencontré une couche de $1^m,50$, donnant 4,75 0/0 d'huile lourde (densité 0,895). Aucune exploration sérieuse n'a été tentée sur ces gisements, qui doivent correspondre à ceux mentionnés ci-dessus dans la concession de Millery.

Schistes
bitumineux.

10

Concession de Surmoulin. — A Surmoulin, on a pratiqué jadis quelques fouilles sur une couche située à l'Est du hameau de la Rivière, qui paraît devoir faire également partie du faisceau de Millery.

Concession d'Hauterive. — Tandis que les gîtes que nous venons de passer en revue sont situés au mur de la couche de boghead, ceux d'Hauterive sont situés au toit de cette même couche.

Le puits d'Aligny a reconnu un banc bitumineux (pl. IV, fig. 13).

Un puits de 32 mètres, situé en face du hameau des Cours, a recoupé trois petites couches.

Enfin le sondage dit des Chaumottes (pl. IV, fig. 15) aurait reconnu quatre couches ayant respectivement $0^m,50$, $0^m,80$, $1^m,15$ et $1^m,15$ de puissance. Aucun de ces gisements n'a été exploré, de telle sorte que la zone supérieure à la couche de boghead est fort mal connue.

L'étage de Millery n'existe que dans une zone peu étendue occupée à peu près complètement par les concessions de Margenne, de Millery, des Thélots, d'Hauterive et la partie Ouest de celle de Surmoulin.

Du côté de l'Est cette formation paraît être brusquement interrompue ; la couche de boghead ne se poursuit pas dans la concession de Cerveau, où elle a été infructueusement recherchée par des sondages ; dans cette concession, on ne retrouve pas non plus l'équivalent de la puissante formation schisteuse reconnue à Millery et à Hauterive ; elle ne renferme aucun gîte de bois silicifiés de l'étage supérieur, et paraît porter exclusivement sur l'étage moyen.

Nous avons donc été amené à admettre l'existence d'une grande faille passant près de Saint-Denis et de Saint-Forgeot, faille qui limiterait à la fois les affleurements de la Grande Couche du district de Dracy-Saint-Loup et ceux de la couche de boghead de Surmoulin. Cet accident est d'ailleurs convenablement jalonné par les gîtes de bois silicifiés appartenant aux diverses zones, et figurés sur la carte du bassin.

Nous avons déjà dit qu'une faille devait exister entre la Comaille, d'une part, et Margenne et Surmoulin, d'autre part ; cet accident limiterait du côté Nord l'étage supérieur.

Du côté du Sud, un autre accident constitue la limite de l'étage. Tandis qu'à Millery et à Hauterive les assises plongent au Sud, à Autun et à Saint-Pantaléon, on a la plongée Nord, et la flore observée dans cette dernière localité, en face et à côté des Chaumottes où existe la zone supérieure de l'étage de Millery, est celle de l'étage moyen. Le changement de pendage correspond donc à une faille qui entraîne une dénivellation importante, puisqu'elle fait disparaître, à Saint-Pantaléon, une partie de l'étage moyen et tout l'étage supérieur de la formation des Schistes bitumineux.

Une série de puits et de sondages jalonnent au Nord-Ouest d'Autun cet accident qui se poursuit au delà de Monthelon, amenant à peu de distance du Houiller supérieur le gisement des Baujards qui appartient, comme nous l'avons dit, à la partie supérieure de l'étage moyen.

La limite Ouest de l'étage de Millery, du côté des Baujards, est assez indécise et ne saurait, faute de travaux d'exploration suffisants, être tracée avec quelque certitude. En tout cas elle nous semble devoir passer assez près de ce hameau.

Les espèces les plus caractéristiques de la flore de l'étage de Millery sont, d'après M. Renault, les suivantes :   *Flore.*

Calamites gigas.
Asterophyllites.
Dictyopteris Schutzei.
Odontopteris Schlotheimii.
Callipteris nombreux, notamment *C. obliqua, C. Pellati, C. Jutieri.*

Tæniopteris multinervis.
Cycadospadix Milleryensis.
Walchia imbricata.
 — *taxinoides.*

La faune a fourni les espèces ci-dessous :   *Faune.*

Crustacés.
{ *Cyproïdes.*
{ *Nectotelson Rochei* (Brocchi).

Poissons [1].
{ *Palæoniscus Blainvillei* (Agassiz).
{ — *Voltzi* —
{ — *angustus* —
{ *Pygopterus Bonnardi* —

1. Nous dirons au sujet de cet étage, comme au sujet d'ailleurs des autres étages, qu'il n'a pas été fait depuis longtemps, une étude d'ensemble sur les poissons permiens du bassin d'Autun, et qu'il y aurait lieu probablement de compléter ou de modifier les listes que nous avons données.

	Haplodus Baylei (Gaudry).
Reptiles.	*Protriton petrolei* id.
	Pleuronoura Pellati id.
	Coprolithes nombreux.

Épaisseur de l'étage. S'il n'existait aucun accident entre les gîtes de la concession des Thélots, et le hameau de Saint-Martin, la largeur occupée par la formation de l'étage supérieur, mesurée perpendiculairement aux directions des strates, serait d'environ 4 kilomètres; en admettant seulement une pente moyenne de 10 0/0 (inférieure à celle observée dans les travaux de Surmoulin), on aurait une épaisseur totale de 400 mètres. Ce chiffre est tout à fait hypothétique, parce qu'il n'est pas sûr que les gîtes des Thélots occupent tout à fait la base de l'étage, et que l'absence d'accidents entre les Thélots et Saint-Martin n'est nullement établie; cependant c'est celui que nous adopterons faute d'évaluations plus certaines.

SECTION II

GRÈS ROUGES.

Constitution des terrains de Grès rouges. Le triangle compris entre Saint-Martin, Vergoncey et Vevrotte, est occupé par une formation de grès et d'argiles colorés généralement en rouge ou rouge brun, qui offrent une grande analogie avec les Grès rouges du bassin de Blanzy et du Creusot. Ces terrains peuvent s'observer principalement sur les points suivants :

Chemin de Saint-Symphorien à Saint-Denis (de nombreuses carrières exploitent pour les tuileries des terrains rouges décomposés);

Chemin allant du village de Curgy au plateau liasique situé au Nord-Est dudit village;

Chemin allant de Curgy à Paizé, notamment sur les flancs du mamelon portant la cote 396 de l'état-major;

Près du château du Puits, où des excavations situées dans un terrain communal fournissent de l'argile rouge employée pour le badigeonnage des maisons ;

Chemin de Vevrotte à Sully, etc.

Ces Grès rouges sont assurément moins bien caractérisés que ceux du bassin de Blanzy et du Creusot; cependant nous pensons qu'ils doivent leur être assimilés, et considérés comme formant un étage distinct dans la série permienne. Sans doute, on rencontre dans l'étage des Schistes bitumineux, surtout à la partie supérieure, quelques assises rougeâtres, mais nulle part on n'observe une succession de grès et d'argiles rubéfiés comme ceux des environs de Curgy. D'autre part, dans toute l'étendue que nous avons assignée aux Grès rouges, on n'a jamais signalé la présence de veines de houille ou de schistes bitumineux, on n'y a pas trouvé non plus d'empreintes végétales ou de bois silicifiés, tandis qu'il en est tout autrement dans l'étage des Schistes bitumineux. Ces considérations nous paraissent justifier d'une façon suffisante la classification que nous avons adoptée.

Ces Grès rouges sont, croyons-nous, discordants avec l'étage des Schistes bitumineux.

Ils reposent à Saint-Symphorien sur les assises de l'étage de Millery; entre Saint-Symphorien et Vergoncey, ils sont en contact avec l'étage moyen [1]; enfin, entre le Moussol et les Fées, ils sont en contact avec des poudingues que nous avons considérés comme représentant le prolongement du faisceau d'Igornay-Lally (étage inférieur). Ces lacunes ne sauraient être expliquées par des failles; il faudrait admettre, en effet, une série d'accidents de très grande amplitude séparant ces grès des autres formations, et on aboutirait ainsi à des hypothèses que leur complication rend invraisemblables.

Age de ces terrains.

Discordance par rapport à l'étage des Schistes bitumineux.

---

1. Nulle part on ne trouve, entre Saint-Symphorien et Vergoncey, au-dessous des Grès rouges, des représentants de la formation schisteuse de Millery; il nous paraît difficile d'admettre que cette zone puissante, si bien caractérisée à Millery, se modifie brusquement du côté de l'Est de façon à devenir méconnaissable. L'existence d'une lacune nous paraît seule fournir une explication suffisante des faits observés.

Nous ne voyons donc que l'hypothèse d'une discordance qui rende convenablement compte des lacunes constatées.

L'examen de la carte du bassin montre que les deux grandes failles Nord-Ouest qui passent, l'une à Muse, l'autre près de Saint-Forgeot, ne paraissent pas avoir notablement affecté les Grès rouges. Il serait donc possible que ces accidents importants se fussent produits en partie avant le dépôt du Grès rouge, et qu'on eût ainsi l'explication, d'une part, de l'origine de la discordance signalée ci-dessus et, d'autre part, du changement de régime qui a fait succéder des dépôts de grès rouges à ceux de schistes bitumineux.

Cette hypothèse nous paraît être assez vraisemblable ; cependant nous nous hâtons d'ajouter qu'elle aurait besoin d'être appuyée sur des arguments plus décisifs que ceux que nous avons présentés.

Flore et faune.

Cet étage des Grès rouges n'a fourni jusqu'à ce jour aucune empreinte végétale et aucun débris animal.

Épaisseur.

Son épaisseur, au Sud de Curgy, ne nous paraît pas devoir être inférieure à 150 ou 200 mètres.

CHAPITRE IV

TERRAINS JURASSIQUES ET ALLUVIONS

L'objet du présent ouvrage étant spécialement la description des terrains houiller et permien, nous ne dirons que quelques mots des terrains jurassiques et des terrains d'alluvions.

§ 1. *Trias.*

A la partie inférieure du Trias, on observe des grès constitués principalement par des débris de quartz et de feldspath; ils sont parfois très silicifiés et sont alors exploités pour pavés (à Antully et au sud d'Auxy). Ces grès, désignés dans la région sous le nom d'arkoses, se relient à d'autres gîtes similaires de Saône-et-Loire où ont été trouvées des empreintes de pas de cheirothérium, caractéristiques de l'étage des grès bigarrés.

A la partie supérieure de cette formation de grès apparaissent quelques bancs de calcaires dolomitiques qui pourraient représenter peut-être le niveau du Muschelkalk de la Lorraine et de la Franche-Comté. Cet étage des grès et dolomies peut avoir une épaisseur de 25 à 30 mètres.

Les Marnes irisées sont constituées par des alternances de marnes bariolées (rouges ou vertes) et de calcaires dolomitiques. Elles renferment parfois des bancs de plâtre exploités non loin de Nolay, à Mazenay et à Paris-L'Hopital (localités situées en dehors des limites de la carte du bassin).

Il est à remarquer que dans la région Ouest du bassin, à Auxy, Curgy et Igornay, les Marnes irisées font défaut; les grès triasiques sont directement recouverts par l'Infralias. Ce n'est qu'après avoir dépassé du côté de l'Est une ligne allant approximativement de Viévy à Tintry, qu'on voit apparaître les Marnes irisées, qui se développent progressivement et atteignent près de Nolay une épaisseur notable (30 à 40 mètres).

Cet étage ne paraît, dans l'Autunois, renfermer aucun fossile.

§ 2. *Lias.*

Le lias comprend les sous-étages suivants :

Grès infraliasiques ou Rhétiens;
Infralias ou Hettangien;
Calcaire à gryphées (lias inférieur);

Lias moyen ou   arnes du lias moyen;
Lias supérieur ou Marnes supraliasiques.

Grès Infraliasiques.

Ces grès, de nature essentiellement siliceuse, sont généralement à grain fin, blancs ou jaunâtres, à texture le plus souvent assez lâche, mais parfois cependant devenue cohérente par l'effet d'une pâte siliceuse. Ils rappellent les grès de Fontainebleau.

Ils sont associés parfois à des marnes bariolées comme celle du Trias, à des calcaires magnésiens grisâtres, et à des grès grossiers à éléments feldspathiques qui constituent alors un véritable bone-bed avec débris de dents de poissons (*Saurichtys acuminatus, Acrodus minimus,* etc.).

Les grès infraliasiques renferment fréquemment, notamment près d'Auxy, de nombreuses empreintes végétales (*Equisetum arenaceum, Tæniopteris Augustodunensis,* etc.).

Enfin il convient de mentionner encore, comme fossiles caractéristiques de cette zone, l'*Avicula contorta,* l'*Anatina præcursor,* le *Cardium Rhæticum,* etc.

L'épaisseur des grès infraliasiques est de 10 à 15 mètres.

Infralias.

L'Infralias est constitué en bas par des grès cristallins grisâtres ou jaunâtres (lumachelle), et par des calcaires de couleur gris noirâtre à la partie supérieure (foie de veau de l'Auxois). Il renferme de nombreux fossiles (*Ammonites angulatus, Cypricardia porrecta, Corbula Ludovicæ, Pholadomya prima,* etc.).

C'est dans la zone supérieure de l'Infralias qu'existe la couche de minerai de fer exploitée par la Compagnie du Creusot à Change et à Mazenay.

L'épaisseur totale est d'environ 10 mètres. L'Infralias a été, sur la carte du bassin d'Autun, réuni au Lias inférieur.

Le Calcaire à gryphées est constitué par une série de bancs peu épais de calcaire bleuâtre pétri de gryphées arquées avec *Ammonites Bucklandi, Am. oxynotus, Am. planicosta, Belemnites acutus, Terebratula cor,* etc. A la partie supérieure, on rencontre généralement de nombreux rognons de phosphate de chaux de couleur blanc grisâtre, empâtés dans le calcaire. Lias inférieur
ou
Calcaire à gryphées.

Le Calcaire à gryphées est fréquemment silicifié dans le massif du Morvan, il renferme généralement alors de la fluorine et de la baryline. Ce phénomène peut s'observer à Antully, au sud d'Auxy, dans un dépôt dont l'extrémité Nord apparaît sur la carte du bassin.

Le Lias inférieur est exploité à Gueunan et surtout à Curgy et à Nolay. Il donne de la chaux fort appréciée des agriculteurs. Sur le plateau de Curgy on a tenté jadis, mais sans succès, d'exploiter, comme on le fait dans l'Auxois, les nodules de phosphate de chaux contenus dans le limon résultant de la décomposition des bancs inférieurs du Lias moyen et des bancs supérieurs du Calcaire à gryphées.

L'épaisseur de cette formation est d'environ 20 mètres.

Le Lias moyen est principalement marneux. Il comprend deux zones distinctes : *en bas,* des calcaires marneux jaunâtres ou grisâtres, ayant de 5 à 10 mètres d'épaisseur, pétris de Bélemnites (*Belemnites clavatus, B. paxillosus*) et renfermant des nodules de phosphate de chaux; *en haut,* une épaisse formation de marnes grises micacées (60 ou 80 mètres parfois) peu fossilifères qui se termine par des calcaires bleuâtres avec *Gryphæa gigantea, Pecten æquivalvis,* etc. Lias moyen.

Les Marnes supraliasiques, qui ont une puissance variant de 20 à Marnes supraliasiques.

11

40 mètres, renferment à la base des calcaires fissiles bitumineux contenant des empreintes de poissons; plus haut on trouve des marnes qui renferment de nombreux fossiles (*Ammonites bifrons, Am. serpentinus,* etc.) et deviennent fréquemment ferrugineuses à leur partie supérieure.

§ 3. *Étage Oolithique.*

C'est seulement à l'Est du bassin d'Autun qu'on rencontre les premiers étages de la série Oolithique : le Calcaire à entroques (calcaires cristallins, compacts, jaunâtres, pétris par places de débris d'entroques), le Fullers (calcaire marneux jaunâtre) et la Grande Oolithe (calcaire oolithique blanc grisâtre). Il nous paraît superflu de décrire en détail ces formations qui sont trop en dehors du bassin d'Autun.

§ 4. — *Terrains Tertiaires.*

(Cailloutis et terres à briques.)

Le terrain tertiaire n'est représenté dans le bassin d'Autun que par des cailloutis avec argiles et limon subordonnés, qui recouvrent la majeure partie des formations houillère et permienne.

Les éléments de ces cailloutis sont des granites ou des porphyres très décomposés, des chailles jurassiques et des silex pyromaques d'origine probablement crétacée.

Les argiles constituent des amas irréguliers et peu étendus; du côté de Monthelon on observe des argiles blanches de nature réfractaire qui doivent provenir de la décomposition des granulites. Si ces amas étaient plus importants, ils pourraient être exploités comme terres réfractaires.

Un limon superficiel pouvant atteindre, dans certains cas, deux ou trois mètres d'épaisseur, recouvre la formation des argiles et cailloutis. Ce limon est utilisé pour la fabrication des briques.

L'ensemble de ces dépôts est toujours peu puissant; il ne dépasse pas 20 ou 25 mètres.

Les *cailloutis et terres à briques* forment de vastes plateaux dont l'altitude, dans la région de Monthelon, Tavernay, Saint-Forgeot et Dracy, est d'environ 320 mètres, avec un léger relèvement du côté de la lisière Nord du bassin. Le relèvement est beaucoup plus accentué dans la région de l'Est; en face de Saint-Léger on observe déjà des altitudes d'environ 350 mètres, à Dinay on trouve celle de 360 mètres, et enfin au Nord du Curier on arrive à celle de 378 mètres.

Ces cailloutis devaient donc constituer jadis une vaste plaine alluviale qui allait en s'abaissant progressivement de l'Est à l'Ouest, c'est-à-dire que les cours d'eau qui ont déposé ces alluvions venaient principalement du massif montagneux situé à l'Est et au Nord d'Épinac, et se déversaient comme aujourd'hui dans la vallée de l'Arroux. Les pentes de ces cours d'eau n'étaient même pas sensiblement plus fortes que celles des cours d'eau actuels; la différence d'altitude entre l'Arroux à Monthelon et le ruisseau de Molinot en face du Curier est en effet d'environ 62 mètres, et celle entre les cailloutis de Monthelon et ceux du Curier est de 70 mètres.

Disons incidemment, que la présence dans les cailloutis de chailles jurassiques et de silex pyromaques établit, qu'au moment du dépôt de ces alluvions, le massif montagneux des environs d'Épinac renfermait encore des lambeaux de jurassique moyen et même de terrain crétacé.

Par leur nature, leur degré d'altération, leur allure générale, ces cailloutis du bassin d'Autun paraissent devoir être contemporains des alluvions du bassin de la Saône de l'âge de l'*Elephas meridionalis*.

§ 5. — *Alluvions anciennes.*

Nous rapportons au terrain quaternaire des cailloutis qui diffèrent des précédents par leur moindre degré d'altération et par l'absence de limon superficiel. Ces alluvions forment une basse terrasse de 10 à 15 mètres d'élévation comprise entre les plaines des alluvions modernes et les plateaux des cailloutis anciens.

On les observe seulement avec quelque netteté aux environs d'Autun, sur la rive droite de l'Arroux où ils sont exploités dans des carrières qui fournissent à la fois du gravier et du sable.

Ce quaternaire nous a paru n'être représenté que par quelques lambeaux peu importants répartis sur la rive droite de l'Arroux entre Dracy et Monthelon.

Aucun débris fossile n'y a été rencontré.

§ 6. — *Alluvions modernes.*

Les alluvions modernes sont le résultat des dépôts que laissent les cours d'eau lors de leurs crues ; elles occupent une assez grande superficie dans le bassin d'Autun, par suite de la multiplicité des rivières.

Elles sont presque toujours recouvertes de prairies.

§ 7. — *Considérations générales sur les terrains jurassiques. Accidents.*

Les dépôts jurassiques des environs d'Autun sont peut-être des dépôts littoraux.

L'examen de la carte du bassin montre que la partie Ouest est entièrement dépourvue de terrains jurassiques. Cette circonstance, jointe à l'amincissement progressif des Marnes irisées suivi bientôt de leur disparition, à l'abondance des empreintes végétales dans les Grès infraliasiques, est de nature à faire penser que les lambeaux de Gueunan et d'Igornay étaient peut-être des dépôts littoraux, de telle sorte que le rivage des mers triasiques et liasiques aurait été situé à l'Ouest d'Autun et à une distance relativement peu importante.

Plongée uniforme des terrains jurassiques du plateau d'Auxy.

La carte met en relief l'allure fort régulière des terrains jurassiques de la lisière Sud du bassin, qui forment un plateau incliné s'abaissant progressivement et uniformément depuis le hameau de Saint-Georges (au Sud-

Ouest d'Auxy) jusqu'à Saint-Gervais et Sivry; au Nord de Saint-Georges l'Infralias atteint l'altitude d'au moins 610 mètres, tandis qu'à Saint-Gervais il
n'est plus qu'à 450 ou 460 mètres, soit une différence d'altitude de
150 mètres correspondant à une pente d'environ 1/2 0/0.

Au Nord du bassin on observe, au contraire, que les Grès infraliasiques
qui sont à la cote d'environ 500 mètres à Aubigny, ne dépassent pas celle
de 410 ou de 420 mètres au Molloy et à Igornay. La plongée générale des
assises étant du côté de l'Est, il faut admettre l'existence d'une série de petits
accidents qui ont provoqué des abaissements successifs du côté de l'Ouest.

Nous avons figuré l'un de ces accidents, le plus important, passant
près de Morgelle et d'Uchey.

Le plateau liasique de Curgy est à peu près à la même altitude que
ceux de Dracy-Chalas et d'Uchey; mais il est beaucoup plus bas que celui
d'Auxy. Comme les assises sont à Curgy sensiblement horizontales, qu'elles
ont à Auxy une légère plongée à l'Est, il faut admettre entre ces gisements
une faille importante entraînant un rejet d'au moins cent mètres. Nous
avons figuré sur la carte cet accident, qui est à peu près parallèle à la lisière
Sud du bassin; nous avons admis qu'il se confondait avec celui que nous
avons dit déjà exister de Monthelon à Saint-Martin entre l'étage de Millery
et celui de la Comaille-Chambois; ce même accident limiterait du côté Sud
la formation des Grès rouges; il se terminerait à peu près en face d'Épinac,
car le Jurassique de Morlet est sensiblement au même niveau que celui
de Thury et de Grandvaux.

A Gueunan le Jurassique est à la cote de 380 mètres. Or à Saint-
Georges, sur le plateau situé au Sud d'Autun, l'Infralias atteint l'altitude
approximative de 540 mètres, et il plonge du côté de l'Est. Il y a donc forcément entre Gueunan et Saint-Georges une faille importante, entraînant
un rejet de 150 à 180 mètres. Cette faille est assez bien jalonnée par d'autres
lambeaux de terrains jurassiques situés au Sud de Gueunan, qui ont permis de lui assigner la direction figurée sur la carte. Il est à remarquer que
cet accident est sensiblement perpendiculaire à celui que nous avons indi-
qué précédemment. Il est probable qu'il vient buter contre lui près de

Monthelon, à moins qu'il ne soit arrêté plus tôt par la faille de bordure déjà signalée à Ornez.

Failles diverses.

A ces accidents, il convient d'ajouter encore une petite faille Nord-Sud qui limite à l'Est le plateau de Curgy, et un autre accident situé entre ce même plateau et un tout petit îlot de Trias observé près du hameau d'Échaulée.

Nous citerons encore à l'Est, quoique n'intéressant pas le bassin d'Autun, une grande faille qui va de Santosse à Beuré, et divers accidents à Épertully et à Créot.

CHAPITRE V

CONSIDÉRATIONS GÉNÉRALES SUR LE BASSIN D'AUTUN

§ 1. *Des accidents du bassin.*

Nous avons déjà, dans les paragraphes qui précèdent, mentionné incidemment la plupart des accidents qui affectent le bassin d'Autun. Il nous paraît utile de les résumer dans un paragraphe spécial.

Lisière Sud. — Une grande faille, située près de la lisière Sud, forme la limite entre les assises plongeant au Nord et celles plongeant au Sud. Elle règne sur presque toute la longueur du bassin ; du côté de l'Est, elle doit probablement s'arrêter à peu près en face d'Épinac, puisque les travaux d'exploitation n'ont reconnu aucun accident important ; du côté de l'Ouest nous ne possédons pas les éléments nécessaires pour savoir comment elle se termine, nous l'avons arrêtée en face de Vauteau, mais sans preuves suffisantes. Elle paraît avoir son maximum d'amplitude entre Monthelon et Saint-Symphorien ; elle fait, dans cette région, buter la zone supérieure de l'étage de Millery contre la zone moyenne de l'étage de la Comaille-Chambois. Son amplitude irait ensuite, à partir de là, en diminuant progressivement du côté de l'Ouest comme du côté de l'Est.

C'est cet accident qui, de Saint-Martin à Vevrotte, limite au Sud la formation des Grès rouges.

Lisière Nord. — Sur la lisière Nord nous avons plusieurs accidents :

1° Une faille allant de Tavernay au Sud de Reclennes, séparant le Houiller supérieur reconnu à la Charmoye du faisceau houiller et bitumi-

'neux de Chambois. La distance entre la Charmoye et Chambois est trop
faible pour qu'il soit possible d'y admettre l'existence de la puissante zone
d'Igornay-Lally; d'un autre côté, on ne trouve pas dans cet intervalle
l'affleurement de la Grande Couche, il faut donc admettre une lacune importante, qui ne paraît pouvoir être attribuée qu'à une faille d'assez grande
amplitude. Nous n'avons pas les éléments nécessaires pour savoir comment
se prolonge cet accident du côté de l'Est, le terrain permien y étant
complètement masqué par des alluvions; du côté de l'Ouest, il doit venir
buter contre un accident Nord-Ouest dont nous allons parler.

2° Les gîtes situés près de Lovernay et de l'ancien étang de Poisot
appartiennent à l'étage d'Igornay-Lally; d'un autre côté, ceux de Chambois
sont supérieurs à la Grande Couche; cette dernière n'apparaissant pas
entre les hameaux de Lovernay et de Chambois, il faut supposer un accident qui rejette en profondeur les gîtes de Chambois. Cet accident, se pro-
longeant du côté Nord, expliquerait l'élargissement assez brusque du bassin
à la Charmoye.

3° La Grande Couche vient, dans la concession de Poisot, buter contre
un accident important reconnu dans les travaux souterrains, accident qui
fait apparaître les couches du faisceau d'Igornay-Lally.

Nous admettons que cette faille se prolonge du côté du hameau de
Changarnier, et qu'elle sépare le groupe des couches voisines de l'ancien
étang du Poisot de celles du district de la Comaille.

Lisière Ouest. — 1° Les tufs orthophyriques du massif de Sommant et de
la Petite-Verrière doivent être séparés par une faille des granites de la Selle;
nous avons admis que cette faille se prolongeait dans le terrain permien
en passant près de Milliore et de Chantal, et que c'est à elle qu'il convenait
d'attribuer l'élargissement si brusque et si important du bassin en face de
la Selle.

2° Enfin nous avons dit précédemment qu'une faille devait séparer le
terrain houiller supérieur de Cortecloux des formations beaucoup plus
récentes des Baujards et des Cheminots. Nous avons figuré approximativement cet accident qui se prolonge à l'Est par une autre faille dont nous

parlerons tout à l'heure ; sa continuation du côté de l'Ouest est assez indécise et n'est figurée que d'une façon hypothétique.

Dans la partie centrale du bassin nous signalerons les accidents suivants :

Accidents
dans
la partie centrale
du bassin.

1° A l'Est d'une ligne qui va de Creusefond au château d'Igornay, on ne trouve plus de représentants de l'étage de la Comaille-Chambois; les gîtes de la Grande Couche de Cordesse, de Chevigny, de Ravelon, sont interrompus sur cette ligne qui doit correspondre à un grand accident transversal.

2° Une ligne passant près de Saint-Denis et de Saint-Forgeot interrompt brusquement les formations situées de part et d'autre de cette ligne ; elle n'est traversée ni par la couche de boghead, ni par la Grande Couche du district de Dracy-Saint-Loup ; elle met l'étage de Millery en contact avec celui de la Comaille-Chambois. Nous avons donc admis un grand accident suivant la ligne précitée ; il se terminerait du côté de Reclennes à une faille de la lisière Nord, déjà mentionnée, et du côté de Saint-Denis à la grande faille de la lisière Sud.

Faisons remarquer incidemment que ces deux dernières failles (de Muse, et de Saint-Denis à Saint-Forgeot), ainsi que celles de Tavernay à la Cour de Sommant et de la Petite-Verrière à la Vevre et à Chantal, que nous avons signalées précédemment, sont sensiblement parallèles et qu'elles ont l'alignement des nombreux filons de quartz avec fluorine, qu'on observe à Vevrotte, à Reclennes et à la Petite-Verrière. Cette direction est aussi celle des rivières du Ternin, de la Selle et du ruisseau de la Grande-Verrière.

3° La Grande Couche de Cordesse et celle de Chevigny, plongeant toutes deux au Sud, doivent être séparées par un accident ; nous avons admis que les bois silicifiés qu'on observe près de Muse, et que la petite couche de schistes qui existe à Dracy-Saint-Loup, font partie de la zone supérieure à la Grande Couche de Cordesse ; c'est donc entre ces gisements et les affleurements de Chevigny que nous avons fait passer cet accident, qui se limiterait à l'Est à la grande faille de Muse, et probablement du côté de l'Ouest à la faille de Saint-Denis-Saint-Forgeot.

12

4° Pour des raisons analogues à celles qui viennent d'être mentionnées, il doit y avoir un accident entre la Grande Couche de Chevigny et la Grande Couche de Surmoulin-Ravelon.

Un petit affleurement de schistes bitumineux, situé tout à côté et au Nord du hameau de Ravelon, faisant partie de la zone supérieure à la Grande Couche, nous avons fait passer la faille entre cet affleurement et celui de la Grande Couche de Ravelon ; un petit îlot de Trias, situé près d'Échaulée, nous a paru avoir été dénivelé par la même faille.

5° Nous avons dit précédemment que l'allure de la Grande Couche dans le district de la Comaille, complètement discordante avec celle de la couche de boghead, nous conduisait à admettre une faille passant entre la Comaille et Chambois, d'une part, et Margenne et Millery, d'autre part ; cet accident amènerait l'étage moyen en face de l'étage supérieur, il serait la continuation de celui qui passe près de Cortecloux. Il semble que, du côté de Saint-Forgeot, cet accident doit disparaître ou tout au moins diminuer d'importance.

6° Enfin mentionnons encore les accidents moins importants, qui ont été rencontrés par les travaux souterrains dans le district de la Comaille et à Millery, accidents que nous avons figurés en partie sur la carte du bassin.

Observations générales sur les accidents précités.

Nous croyons devoir faire remarquer que les accidents mentionnés ci-dessus, et figurés sur notre carte, ont en général un caractère assez hypothétique. Il est difficile, on le sait, de définir les accidents qui affectent les bassins les mieux étudiés, les mieux fouillés par les travaux souterrains ; quand on constate combien sont relativement peu importants les travaux d'exploration pratiqués dans l'Autunois, quand on remarque, en outre, que les études à la surface sont rendues fort difficiles par la rareté des affleurements, par l'absence de coupes naturelles, on comprendra combien est grande la réserve à laquelle nous sommes tenu au sujet de l'exactitude des hypothèses formulées par nous.

Il y aura certainement, à cet égard, de nombreuses lacunes à combler dans l'avenir, et probablement aussi des erreurs à rectifier.

Nous avons déjà dit que certains accidents, notamment celui de la lisière Sud, étaient postérieurs au terrain jurassique; mais nous pensons que la plupart se sont produits avant le dépôt du Trias.

On constate, en effet, que les couches houillères ou permiennes sont parfois fort inclinées. Ainsi au puits Mallet, au Sud d'Épinac, les assises sont presque verticales, tandis que le Trias qui existe tout à côté est sensiblement horizontal.

De même, dans la région des Tréchards, le gîte charbonneux a une inclinaison qui atteint parfois 50° à 55°, tandis que le plateau jurassique de Ressille est à peu près horizontal.

Des inclinaisons aussi fortes ne peuvent être réalisées naturellement même pour des formations opérées par voie de delta; il faut donc admettre que les couches ont été redressées postérieurement à leur dépôt. La granulite du plateau d'Auxy a dû, en se soulevant, relever et comprimer toute la zone de la bordure Sud, en provoquant parfois au contact des assises houillères de véritables failles avec joint gras, comme à Ornez.

Il est naturel de supposer que ce relèvement des bordures Sud et Sud-Est a correspondu à une déformation générale du bassin d'Autun, qui ne s'est vraisemblablement pas produite sans rupture, c'est-à-dire sans failles. Sans doute cet exhaussement des lisières n'a pas été accompagné de phénomènes de refoulement aussi importants que ceux si bien constatés dans le bassin franco-belge par divers ingénieurs et géologues, notamment par M. Gosselet, phénomènes que, dans son beau traité de Géologie, M. de Lapparent a résumés dans des coupes intéressantes; cependant, de même que les plissements du bassin franco-belge ont provoqué les diverses failles qui affectent les gisements houillers, de même dans l'Autunois le plissement des couches résultant du soulèvement des bordures, notamment du plateau d'Auxy, a dû coïncider aussi avec de nombreuses fractures survenues dans l'ensemble du bassin.

Si on jette les yeux sur la carte géologique, on constate que les terrains jurassiques qui constituent le pourtour sont absolument indépendants des accidents des terrains houiller et permien; ces accidents ne dépassent pas les limites de la dépression qui correspond au bassin. Cette considération suffirait à elle seule à faire admettre que les failles figurées par nous sont antérieures au dépôt du Trias.

Aussi sommes-nous porté à penser que les accidents postérieurs au Jurassique, que nous avons mentionnés précédemment, pourraient bien correspondre seulement à des réouvertures de failles anté-jurassiques. Ainsi le plateau d'Auxy, en se soulevant une première fois avant le dépôt du Jurassique, aurait déterminé une faille parallèle à la bordure, un deuxième soulèvement du plateau survenu postérieurement au Jurassique aurait provoqué la réouverture de la faille ci-dessus, qui aurait joué une seconde fois.

Ces accidents anté-triasiques que nous venons d'étudier, failles et plissures, auraient été la conséquence d'une dislocation générale de l'écorce terrestre, laquelle a été bien constatée dans le Nord de l'Europe, et aurait correspondu à la formation de la chaîne de montagnes dite chaîne Hercynienne[1].

Un chaînon du massif Hercynien devait s'étendre autrefois des Vosges au Morvan, et a donné naissance au bassin de Ronchamp, au dépôt permien de la Serre (Jura), au bassin d'Autun et à celui de Blanzy et du Creusot.

Ajoutons que nous sommes disposé à penser que ces accidents ne se sont produits que progressivement, et qu'ils avaient probablement déjà acquis une notable amplitude avant le dépôt du Grès rouge, ainsi que nous l'avons exposé dans le chapitre consacré à l'étude de cet étage.

§ 2. — *Considérations générales sur la structure du bassin d'Autun.*

Discordances observées.

Les faits importants concernant la structure du bassin d'Autun peuvent se résumer comme il suit :

L'étage houiller inférieur n'affleure qu'à l'Est d'Épinac et sur une lon-

---

1. Marcel Bertrand. — *Bull. Soc. géologique*, 3ᵉ série, t. XV, p. 423.

gueur réduite ; lorsqu'on s'éloigne de ces affleurements, en suivant soit la bordure Sud, soit la bordure Nord, on constate que la ceinture du bassin d'Autun est formée par des assises de plus en plus récentes ; on rencontre successivement les bancs de l'étage moyen et de l'étage supérieur. L'étage houiller supérieur (étage du Molloy) constitue au contraire une ceinture presque continue autour du Permien (il n'est débordé par ce dernier qu'aux environs d'Igornay) ; les diverses assises de l'étage des Schistes bitumineux se succèdent régulièrement, les plus récentes occupant le centre du bassin ; avec les Grès rouges recommencerait une nouvelle discordance.

Ces faits assez singuliers, et qui étaient bien de nature à induire en erreur les explorateurs anciens, nous paraissent pouvoir s'expliquer de la manière suivante :

Explication
des faits observés.
Pli
synclinal se formant
progressivement.

Une première dépression, d'étendue restreinte, a été comblée par les dépôts de l'étage d'Épinac.

Cette dépression s'est *élargie* et *approfondie* (probablement d'une manière progressive), et le faisceau d'Épinac a été recouvert et débordé dans trois directions au moins par l'importante et puissante formation des Grès et poudingues. Les dimensions volumineuses de nombreux blocs de ces poudingues conduisent à penser que les terrains anciens de la bordure venaient alors d'être soulevés assez fortement, de telle sorte que les cours d'eau qui s'en échappaient avaient des pentes considérables et pouvaient charrier et entraîner au milieu du bassin de très gros matériaux.

La dépression a continué encore, après le dépôt des Grès et poudingues, à s'élargir, de manière que l'étage houiller supérieur s'est déposé sur une superficie beaucoup plus étendue que celle de l'étage moyen, qui a été ainsi largement débordé, surtout du côté de l'Ouest.

Le bassin a continué encore ensuite à s'approfondir, mais il est probablement allé en se *rétrécissant* progressivement, attendu que les diverses assises des Schistes bitumineux paraissent avoir formé des dépôts sensiblement concentriques et constitué une sorte de cuvette dont l'étage houiller supérieur formerait le bord. Une exception doit être faite seulement pour la région des environs d'Igornay, où un affaissement survenu après l'étage houiller supérieur a amené le dépôt transgressif du Permien inférieur qui repose directement sur les terrains anciens.

Des mouvements importants accompagnés de failles ont eu lieu après le dépôt de l'étage supérieur des Schistes bitumineux, et ont provoqué le dépôt des Grès rouges en discordance avec les étages antérieurs.

Ces mouvements se sont poursuivis après le dépôt du Permien, ils ont comprimé les assises houillères et permiennes qu'ils ont plissées ou brisées ; ces efforts, accompagnés ou peut-être même provoqués par des compressions latérales, ont redressé les assises voisines des bordures et fait affleurer ainsi des formations qui étaient probablement, au début, recouvertes par des dépôts plus récents et enfouies au fond du bassin. Toutefois cet exhaussement des rivages n'a fait apparaître au jour que les dépôts qui n'étaient pas trop éloignés du rivage primitif, et ne se trouvaient pas ainsi hors de l'action de ces soulèvements ; l'étage houiller inférieur et l'étage moyen n'auraient été ainsi relevés et amenés à la surface que sur une étendue restreinte.

Ces étages ont pu encore, et c'est probablement le cas pour l'étage inférieur du Houiller au Nord du quartier des Souachères, ne pas être ramenés au jour par suite de l'insuffisance du mouvement d'exhaussement. Nous avons dit, en effet, que le redressement des couches allait en s'atténuant quand on suivait la lisière depuis les Tréchards jusqu'aux Souachères.

Disons encore, que nous sommes disposé à penser que les mouvements d'exhaussement des rivages ont commencé à se produire, dès le dépôt des Schistes bitumineux ou même du Houiller. Il nous paraît difficile, en effet, d'admettre qu'il y ait eu aux environs d'Épinac la série complète du Houiller et du Permien ; il faudrait supposer en effet une énorme dénudation survenue avant le dépôt du Trias, et il nous paraît plus simple d'imaginer que les exhaussements des rivages ont eu lieu pendant le comblement du bassin, de telle sorte qu'Épinac était déjà soulevé et émergé lorsque s'effectuait le dépôt des assises supérieures du Permien. Cette conclusion est d'ailleurs justifiée par la discordance que nous avons signalée entre le Grès rouge et les Schistes bitumineux, discordance due à une déformation de la cuvette du bassin avec accompagnement probable de failles.

Ces explications n'ont rien de contraire à ce que nous savons relativement aux mouvements de l'écorce terrestre, sur lesquels les remarquables travaux de M. Suess en Allemagne et de M. Marcel Bertrand en France, ont de nouveau appelé l'attention. Il est assez naturel de penser que les plis synclinaux, qui constituent les dépressions houillères, se sont produits progressivement pendant une assez longue période de temps, et qu'ils ont été successivement, au fur et à mesure de leur formation, comblés par des dépôts charbonneux, vaseux ou arénacés. Il est assez logique aussi d'admettre que ces plis, d'abord peu importants en largeur et en profondeur, se sont successivement accrus, puis qu'ils ont atteint un maximum de largeur, et se sont ensuite rétrécis, tout en s'approfondissant encore, sous l'influence des compressions latérales auxquelles ils étaient soumis.

Nous n'entendons d'ailleurs émettre aucune opinion formelle sur la façon même dont se sont effectués les dépôts du bassin d'Autun; ce dernier a été trop peu exploré pour permettre d'étudier, comme il conviendrait, cette difficile question, et de dire si la houille résulte de l'enfouissement sur place de forêts houillères, comme l'avait admis Brongniart, ou si, au contraire, elle résulte d'un transport comme l'avait admis Constant Prévost; les couches ayant été, dans cette hypothèse, formées soit par voie de delta comme l'admet M. Fayol, soit par voie d'alluvionnement comme le pense M. Grand'Eury. En tout cas, on peut dire que le comblement, opéré en une seule fois, d'une cuvette préexistante, ainsi qu'il a été admis par M. Fayol pour Commentry, ne saurait expliquer les faits observés dans le bassin d'Autun. On ne comprendrait pas comment les divers étages inférieur, moyen, supérieur du Houiller et Permien inférieur se déborderaient les uns les autres, ainsi que cela a lieu notamment entre Épinac et Igornay.

Mode de formation
des dépôts.

Mais nous admettons volontiers que certaines parties du Houiller et du Permien aient été formées par voie de delta ; nous dirons même que ce mode de formation a dû être réalisé, dans l'hypothèse formulée ci-dessus, toutes les fois que les mouvements d'affaissement de la cuvette du bassin ou d'exhaussement des rivages du côté du déversoir, ont été un peu rapides, parce qu'alors les rivières et ruisseaux venaient se jeter dans une dépression pleine d'eau et que, dans ces conditions, il ne pouvait se former que des dépôts de delta.

On conçoit même qu'on puisse avoir ainsi, dans certains cas, la superposition de plusieurs dépôts distincts formés successivement par voie de delta.

Mais c'est seulement réduite aux limites que nous venons d'indiquer, que nous considérons comme possible dans l'Autunois l'intervention de la formation par delta. Les oscillations du sol joueraient le rôle capital, essentiel, tandis que celui des deltas ne saurait être que secondaire.

Telles sont les considérations, fort incomplètes, que nous pouvons, en l'état actuel de nos connaissances, présenter pour le bassin d'Autun.

Coupes schématiques.   Nous croyons devoir les résumer dans cinq coupes schématiques dirigées l'une longitudinalement, les quatre autres transversalement.

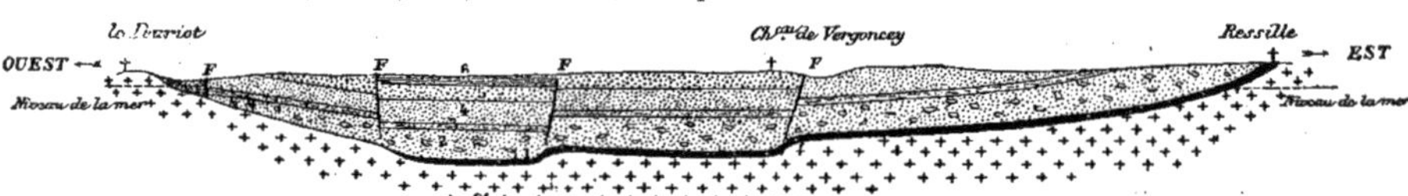

Fig. 11. — Coupe longitudinale de Pouriot à Vergoncey et à Ressille.
Échelle de 1/200.000.

γ Terrains anciens.
1 Étage houiller d'Épinac.
2 Étage houiller des grès et poudingues.
3 Étage houiller du Molloy.

4 Étage permien d'Igornay-Lally.
5 Étage permien de la Comaille-Chambois.
6 Étage permien de Millery.
F Failles.

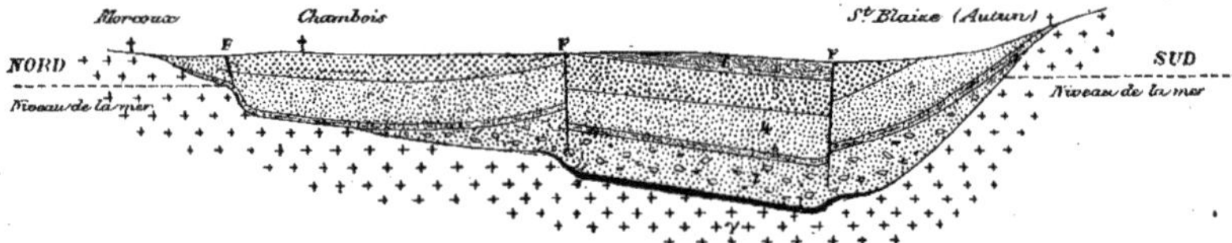

Fig. 12. — Coupe allant de Morcoux à Saint-Blaize (Autun).
Échelle de 1/100.000.

γ Terrains anciens.
1 Étage houiller d'Épinac.
2 Étage houiller des grès et poudingues.
3 Étage houiller du Molloy.

4 Étage permien d'Igornay-Lally.
5 Étage permien de la Comaille-Chambois.
6 Étage permien de Millery.
F Failles.

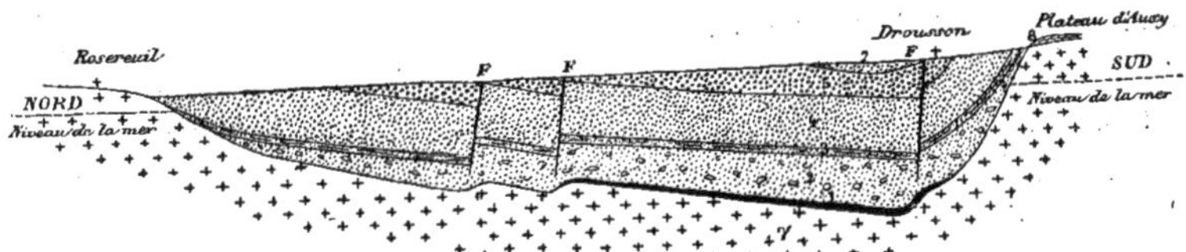

Fig. 13. — Coupe allant de Rosereuil à Drousson et au plateau d'Auxy.
Échelle de 1/100.000.

γ Terrains anciens.
1 Étage houiller d'Épinac.
2 Étage houiller des grès et poudingues.
3 Étage houiller du Molloy.
4 Étage permien d'Igornay-Lally.

5 Étage permien de la Comaille-Chambois.
6 Étage permien de Millery.
7 Étage permien du grès rouge.
F Failles.

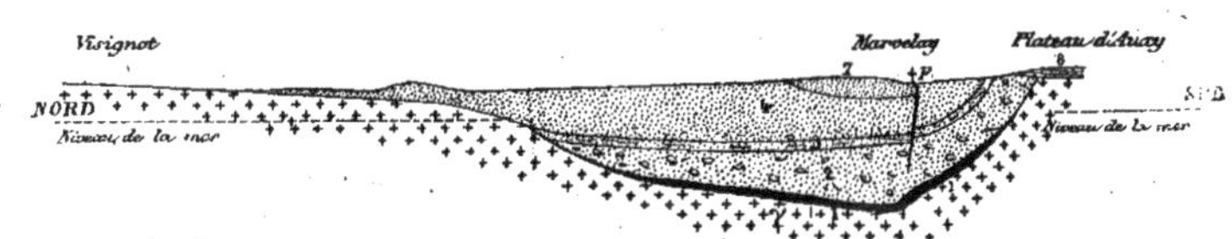

Fig. 14. — Coupe allant de Visignot à Drousson et au plateau d'Auxy.
Échelle de 1/100.000.

γ Terrains anciens.
1 Étage houiller d'Épinac.
2 Étage houiller des grès et poudingues.
3 Étage houiller du Molloy.

4 Étage permien d'Igornay-Lally.
7 Étage permien du grès rouge.
8 Jurassique.
F. Failles.

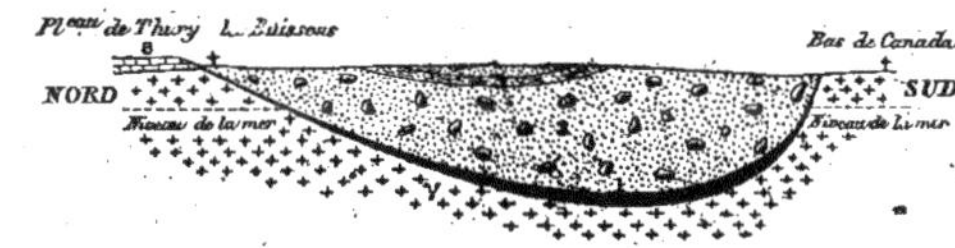

Fig. 15. — Coupe allant de Bas-de-Canada aux Buissons.
Échelle de 1/100.000.

γ Terrains anciens.
1 Étage houiller d'Épinac.
2 Étage houiller des grès et poudingues.

3 Étage houiller du Molloy.
4 Étage houiller d'Igornay-Lally.
8 Jurassique.

13

Il est superflu probablement de dire, au sujet de ces coupes, que le prolongement admis par nous, du faisceau d'Épinac et de l'étage houiller moyen au centre et à l'Ouest du bassin, est hypothétique, et que les limites figurées pour ces formations doivent être considérées comme étant tout à fait incertaines [1].

§ 3. *Avenir du bassin d'Autun.*

Couches de schistes bitumineux.

Nous avons montré que l'étage permien inférieur renfermait un grand nombre de couches bitumineuses; les plus importantes ont été l'objet de travaux seulement superficiels, la profondeur des ouvrages souterrains n'a pas dépassé 60 mètres.

Il reste donc, tant dans les gîtes déjà mis en valeur que dans ceux encore vierges, de grandes provisions de minerais qui pourront être utilisées, si l'industrie des schistes parvient enfin à sortir de la situation assez précaire dans laquelle elle se trouve depuis bien des années.

Couches de houille.

La houille est moins abondamment répandue dans le bassin d'Autun que les schistes bitumineux; les gîtes de combustibles permiens sont sans valeur, ceux de l'étage houiller supérieur ne sont guère avantageux, tous les essais faits dans le passé ont échoué, et il n'est guère permis d'espérer que de nouvelles tentatives pourraient avoir un meilleur sort.

L'étage inférieur seul contient, à Épinac, d'importantes couches de charbon; le quartier sur lequel ont porté jusqu'à présent les travaux d'extraction commence à s'épuiser, et les explorations entreprises n'ont pas

---

1. Nous n'avons pas figuré de failles dans les terrains anciens, parce qu'il n'est pas établi que les accidents du Houiller et du Permien s'y prolongent régulièrement; nous pensons que, vu la dissemblance des formations, il peut y avoir une certaine indépendance entre les accidents des parois de la cuvette et ceux des assises qui ont comblé cette dernière.

encore donné des résultats bien satisfaisants. Cependant il ne semble pas qu'il y ait lieu de désespérer de l'avenir. Nous avons dit que deux hypothèses pouvaient être invoquées, pour expliquer l'existence des larges zones d'appauvrissement qui limitent de tous côtés le gîte d'Épinac.

L'une consiste à admettre que les étranglements sont dus à des étirements, à des amincissements qui ont affecté les couches postérieurement à leur dépôt; l'autre, au contraire, supposerait que ces appauvrissements sont le fait même de la sédimentation qui se serait opérée dans des conditions dissemblables et irrégulières, de telle sorte que, sur certains points, les couches de houille ne seraient représentées que par des traces charbonneuses.

Dans le premier cas, qui serait d'ailleurs le plus favorable, on devrait, après avoir franchi les zones de dérangement, retrouver des quartiers non disloqués et par suite avantageusement exploitables.

Dans l'autre cas, il est naturel aussi de penser que le quartier actuellement en exploitation n'est pas le seul où les dépôts se soient régulièrement opérés, et qu'il doit exister quelque part, dans le bassin d'Autun, d'autres régions renfermant d'importantes richesses minérales. Il y aurait alors lieu de s'éloigner, dans les travaux de recherches, des zones d'appauvrissement reconnues. On a, il est vrai, l'inconvénient sérieux d'avoir à rechercher des gîtes qui n'affleurent pas au jour, et dont l'affleurement souterrain est inconnu; cependant il serait vraisemblablement possible, au moyen de quelques explorations rationnellement conduites, de définir les limites souterraines du faisceau houiller d'Épinac.

§ 4. *Documents statistiques concernant le bassin d'Autun.*

Il nous paraît utile de compléter l'étude du bassin d'Autun par quelques documents statistiques.

Nous avons donc dressé deux tableaux faisant connaître :

1° Les principales circonstances concernant les concessions de houille et les concessions de schistes.

2° Les variations survenues depuis 1850 dans les productions de la houille et des schistes bitumineux.

NOMS des CONCESSIONS.	NIVEAU GÉOLOGIQUE.	ÉTENDUE en hectares.	DATE de L'INSTITUTION.	NOMS DES PROPRIÉTAIRES actuels.	PRODUCTION en 1888. (tonnes).	DATE de la MISE EN CHÔMAGE.
CONCESSIONS DE HOUILLE.						
Polroy	Culm	353	1er février 1889.	Cie de la Selle.	»	
Épinac	Houiller, étage inférr.	3.435	13 août 1805.	Société des houillères d'Épinac.	114.403	1861
Sully	Houiller, étage supérr.	1.758	8 mars 1842.		»	Jamais exploitée.
Pauvray	—	1.048	17 novembre 1833.	Société Lyonnaise des schistes bitumineux.	»	1876
Grand-Molloy	—	922	4 avril 1831.		»	1876
Chambois	Permien moyen	1.130	20 janvier 1830.		»	1863
CONCESSIONS DE SCHISTES BITUMIMEUX.						
Igornay	Permien inférieur (Zone inférieure).	522	29 juillet 1841.	Société Lyonnaise.	35.538	
Petite-Chaume		280	25 juillet 1855.	—	»	1872
Saint-Léger du Bois		515	14 février 1846.	—	»	1879
Lally	Permien inférieur (Zone moyenne).	278	4 décembre 1864.	—	»	Jamais exploitée.
Champsigny		113	—	—	»	1877
Ruet		840	21 octobre 1861.	De Champeaux et Cie.	15.768	
Comaille		331	31 août 1847.	Brunet et Cie.	13.128	
Poisot	*Grande couche* (à la base de l'étage moyen des Schistes bitumineux).	638	17 décembre 1856.	D'Esterno.	»	1885
Saint-Forgeot		364	18 février 1865.	Société Lyonnaise.	»	Jamais exploitée.
Dracy-Saint-Loup		398	4 novembre 1843.	Rondeleux et Cie.	»	1878
Abots		305	8 mai 1862.	—	»	1878
Chevigny		304	25 juillet 1864.	Aymard et Cie.	4.360	
Miens		486	—	—	4.360	
Ravelon		610	1er août 1864.	Société Lyonnaise.	31.349	
Cerveau	Étage moyen des Schistes bitumineux (Zone supérieure).	327	—	Rondeleux et Cie.	»	1864
Chambois		1.130	27 juillet 1859.	Société Lyonnaise.	»	Jamais exploitée.
Surmoulin	Étages des Schistes bit. moyen et supérieur.	1.068	4 novembre 1843.	—	24.660	
Thélots		126	22 avril 1865.	—	»	Jamais exploitée.
Millery	Étage supérieur des Schistes bitumineux.	522	11 juillet 1843.	—	1.983	
Margenne		243	6 février 1877.	—	926	
Hauterive		548	20 août 1864.	—	»	Jamais exploitée.

ANNÉES de production.	HOUILLE. (tonnes).	SCHISTES bitumineux. (tonnes).	BOGHEAD. (tonnes).	ANNÉES de production.	HOUILLE. (tonnes).	SCHISTES bitumineux. (tonnes).	BOGHEAD. (tonnes,)
1850	66.270	20.629	»	1870	129.594	90.987	510
1851	69.812	20.971	»	1871	110.153	72.101	491
1852	100.554	29.820	»	1872	156.410	127.471	1.206
1853	136.791	31.366	»	1873	159.220	100.056	3.398
1854	132.924	37.034	»	1874	147.393	85.801	2.766
1855	134.519	28.412	»	1875	135.526	92.690	2.550
1856	153.348	36.414	»	1876	147.052	124.882	3.174
1857	162.026	41.306	»	1877	139.320	140.890	2.478
1858	152.817	25.800	»	1878	131.073	102.499	2.736
1859	152.334	34.060	»	1879	117.251	99.316	2.672
1860	155.920	44.941	»	1880	131.608	98.633	2.903
1861	169.684	43.441	»	1881	137.641	129.981	3.679
1862	189.454	76.362	»	1882	130.688	124.843	3.531
1863	168.547	95.976	»	1883	133.365	92.230	3.066
1864	142.399	108.236	264	1884	122.147	133.458	4.672
1865	149.579	114.434	248	1885	111.159	115.554	4.192
1866	113.975	115.703	170	1886	97.627	116.763	6.311
1867	155.552	88.750	450	1887	112.717	118.273	6.463
1868	149.694	107.593	1.099	1888	114.403	123.289	8.789
1869	156.133	112.779	1.110				

§ 5. *Résumé des faits géologiques importants résultant de l'étude du bassin d'Autun.*

Les faits géologiques les plus saillants fournis par l'étude du bassin d'Autun peuvent se résumer comme il suit :

Le terrain houiller se subdivise en trois étages qui présentent entre eux d'importantes discordances par transgressivité ; l'étage moyen déborde l'étage inférieur, et il est lui-même largement débordé par l'étage supérieur.

L'étage inférieur, peu puissant, contient des couches de houille qui ont fourni à Épinac un beau champ d'exploitation, mais qui présentent une allure très irrégulière.

Ces gîtes sont d'âge assez ancien ; ils seraient intermédiaires entre les couches de Rive-de-Gier et celles de Saint-Étienne.

L'étage moyen, qui est très puissant, est stérile.

L'étage supérieur est peu épais, il ne renferme pas de gîtes avantageux ; il appartient à la partie tout à fait supérieure du Houiller (étage des
Calamodendrées de la Loire). Il présente avec le terrain permien de moins
grandes discordances qu'avec l'étage houiller moyen.

Le Permien comprend deux grandes subdivisions : les Schistes bitumineux et les Grès rouges.

Les Schistes bitumineux, très développés, très puissants, présentent,
dans le bassin d'Autun, une série beaucoup plus complète que dans les
autres bassins.

Ils comprennent trois étages :

L'étage inférieur est déjà assez nettement permien par sa faune, ses
calcaires magnésiens et ses épaisses couches de schistes bitumineux ; mais
sa flore renferme encore, pour la plus grande partie, des espèces houillères,
et l'apparition des *Callipteris* seule donne à cette flore une tendance permienne.

L'étage moyen a une flore déjà plus nettement permienne, les espèces
houillères sont moins abondantes. Mais c'est dans l'étage supérieur qu'on
trouve la flore la plus caractéristique du terrain permien.

L'étage inférieur et même en partie l'étage moyen paraissent donc
constituer dans la série permienne une zone qui est bien plus largement
représentée dans l'Autunois que dans les autres bassins français.

Tandis que la flore se modifie considérablement dans l'intervalle qui
sépare les schistes d'Igornay de ceux de Millery, la faune paraît, au contraire,
subir peu de variations ; cette faune est d'ailleurs particulièrement riche,
elle a fourni de superbes exemplaires de crustacés, de poissons, de reptiles,
de batraciens. Elle a encore fourni le premier mollusque terrestre qui ait
été signalé en Europe.

Les Grès rouges sont discordants avec l'étage des Schistes bitumineux.

Les discordances multiples constatées entre les diverses assises des
formations houillère et permienne établissent que la cuvette du bassin a
subi, durant cette période, de nombreuses déformations ; le pli synclinal qui
a constitué cette cuvette s'est formé progressivement, et ses dimensions

en largeur et en profondeur ont varié. Ce pli synclinal paraît résulter surtout de compressions latérales dues principalement au soulèvement des terrains granulitique et gneissique des lisières Sud et Sud-Est. Ces compressions ont redressé les assises houillères et permiennes, mais n'ont cependant pas été assez énergiques pour provoquer, comme dans le bassin franco-belge, un recouvrement desdites assises par les terrains anciens.

Les déformations subies par le bassin ont entraîné des ruptures; des failles avec cassures nettes se sont produites dans les assises peu profondes, tandis que dans les assises profondes les couches se sont laminées comme si elles avaient été plastiques, et ont épousé sans se briser les inégalités du sous-sol de roches anciennes. Les failles constatées à la surface se termineraient donc vraisemblablement en profondeur par des plissements avec étirements.

Les dislocations du bassin ont pris fin avant le dépôt du terrain triasique, elles se rattachent au soulèvement de la chaîne Hercynienne; elles ont joué de nouveau lors des grandes fractures qui ont affecté les terrains jurassiques de Saône-et-Loire à l'époque tertiaire, lors du soulèvement de la chaîne des Alpes.

TABLE DES MATIÈRES

Pages.

Introduction. 1

CHAPITRE PREMIER

Préliminaires 3

Considérations générales   Orographie 4

Hydrographie. 4

Terrains anciens de la bordure. Gîtes d'anthracite. 5

CHAPITRE II

TERRAIN HOUILLER

§ 1. *Étage inférieur*

Constitution de l'étage inférieur 7
Nombre des couches de houille. 8
Épaisseur de la formation renfermant les couches de charbon. 8
Variations de l'épaisseur totale des couches de houille. — Zones d'étranglement. 8
Subdivision des couches 10
Caractères distinctifs des diverses couches. 10
Variations dans la nature des combustibles 12
Assises situées au toit de la formation charbonneuse 13
Assises situées au mur de la formation charbonneuse 14
Épaisseur de l'étage inférieur 14
Districts occupés par l'étage inférieur. 14
Accidents rencontrés par les travaux souterrains 15

	Pages.
Observations sur la nature des accidents qui affectent l'étage inférieur	19
Travaux d'exploitation	21
Flore	23
Prolongements des gîtes d'Épinac. Recherches	24

§ 2. *Étage moyen.*

		Pages.
Constitution de l'étage moyen		25
Districts occupés par l'étage houiller moyen		26
Absence de gîtes combustibles exploitables		27
Variations des inclinaisons.	1° Sur la bordure du bassin	28
	2° Dans la partie centrale du bassin	28
	3° Cause probable des variations d'inclinaison observées aux puits Lestiboudois et Hottinguer	29
Épaisseur de l'étage moyen		30
Carrières		30
Flore		30

§ 3. *Étage supérieur.*

		Pages.
Constitution de l'étage supérieur		31
Couches de houille		31
Districts occupés par l'étage supérieur		32
Travaux d'exploitation ou d'exploration.	1° Concession du Grand-Molloy	32
	2° Recherches de Dinay	33
	3° Concession de Sully	34
	4° — de Pauvray	36
	5° Recherches de Drousson	36
	6° — de Foulon	37
	7° — de Fillouse	37
	8° — de Saint-Blaize	37
	9° — de la Brasserie et de la Verrerie	38
	10° — d'Ornez	39
	11° — de Vauteau	39
	12° — de Cortecloux	39
	13° — de Polroy	39
Contemporanéité de ces divers gisements houillers		40
Interruption de l'affleurement de l'étage du Molloy sur la lisière Nord du bassin		40
Épaisseur de l'étage du Molloy		41
Flore		41

Pages.

Bassin d'Aubigny-la-Ronce.
Constitution du terrain houiller.   41
Travaux d'exploitation.   42
Limites du bassin d'Aubigny.   42
Age   —   —   43
Avenir   —   —   43

CHAPITRE III

TERRAIN PERMIEN

Considérations générales.   45

SECTION I

FORMATION DES SCHISTES BITUMINEUX

Caractères généraux.   45

§ 1. Étage d'Igornay-Lally.

Faisceau schisteux et bitumineux.
Caractères généraux.   46
Concession d'Igornay   47
Concession de la Petite-Chaume.   48
Recherches au nord de Lally.   48
Concession de Saint-Léger-du-Bois.   49
Lisières Est et Sud du bassin   49
—   Ouest et Nord-Ouest du bassin.   49

Faisceau des grès de Lally.
Caractères généraux.   50
Couche de Lally.   51
Prolongement de la couche de Lally.   52
—   des grès de Lally.   52

Flore de l'étage d'Igornay-Lally   53
Faune   —   —   53
Age   —   —   54
Épaisseur —   —   55

§ 2. *Étage de la Comaille-Chambois.*

Pages.

Considérations générales.
— Caractères généraux 55
— Calcaires magnésiens 56
— Bois silicifiés 56

Grande couche de schistes bitumineux.
— Deux groupes de concessions 56

District de la Comaille.
— Caractères généraux 57
— Concession du Ruet 58
— — de la Comaille 59
— — du Poisot 59

District de Dracy-Saint-Loup.
— Caractères généraux 59
— Concessions des Abots et de Dracy-Saint-Loup . . 61
— — de Saint-Forgeot 61
— — de Chevigny et des Miens 61
— — de Ravelon et de Surmoulin 62

Accidents qui affectent la Grande Couche 62
Gisements de la Grande Couche 63

Grès et schistes supérieurs à la Grande Couche.
Constitution de la formation 63

Gîtes de houille.
Gîte de Chambois 64
Gîte de Cordesse 65
Gîte des Baujards 65

Schistes bitumineux 66

Districts occupés par l'étage de la Comaille-Chambois 67
Flore de l'étage moyen 68
Faune   — 68
Épaisseur   — 69

§ 3. *Étage de Millery.*

Constitution de l'étage.
Formation essentiellement schisteuse 70
Couches calcaires 70
Couches silicifiées et bois silicifiés 70

Couche de boghead.
Gîtes exploités 70
Propriétés du boghead 72

Schistes bitumineux.
Concession de Millery 73
— des Thélots 73
— de Surmoulin 74
— d'Hauterive 74

Districts occupés par l'étage de Millery 74
Flore 75

Pages.

Faune. 75
Épaisseur 76

SECTION II

GRÈS ROUGES

Constitution des terrains de Grès rouges 76
Age de ces terrains. 77
Discordances par rapport à l'étage des Schistes bitumineux 77
Flore et faune 78
Épaisseur 78

CHAPITRE IV

TERRAINS JURASSIQUES ET ALLUVIONS.

§ 1. Trias.

Grès arkoses et dolomies. 79
Marnes irisées 79

§ 2. Lias

Grès infraliasiques 80
Infralias. 80
Calcaire à gryphées. 81
Lias moyen 81
Marnes supraliasiques. 81

§ 3. Étage Oolithique. 82

§ 4. Terrains tertiaires. 82

Constitution des cailloutis et terres à briques. 82
Allure de la formation. 83
Mode de formation 83
Age des cailloutis 83

110   TABLE DES MATIÈRES.

Pages.

§ 5. *Alluvions anciennes* 83

§ 6. *Alluvions modernes* 84

§ 7. *Considérations générales sur les terrains jurassiques. — Accidents*

Les dépôts jurassiques des environs d'Autun sont peut-être des dépôts littoraux 84
Plongée uniforme des terrains jurassiques du plateau d'Auxy 84
Allure des terrains jurassiques de la bordure Nord 85
Faille de Curgy 85
Faille de Gueunan 85
Failles diverses 86

CHAPITRE V.

CONSIDÉRATIONS GÉNÉRALES SUR LE BASSIN D'AUTUN

§ 1. *Des accidents du bassin*

Accidents voisins des lisières du bassin { Lisière Sud du bassin 87
Lisière Nord du bassin 87
Lisière Ouest du bassin 88
Accidents dans la partie centrale du bassin 89
Observations générales sur les accidents précités 90
Âge des accidents du bassin 91

§ 2. *Considérations générales sur la structure du bassin d'Autun*

Discordances observées 92
Explication des faits observés. Pli synclical se formant progressivement 93
Mode de formation des dépôts 95
Coupes schématiques 96

§ 3. *Avenir du bassin d'Autun*

Couches de schistes bitumineux 98
Couches de houille 98

§ 4. *Documents statistiques* 100

§ 5. *Résumé des faits géologiques importants résultant de l'étude du bassin d'Autun* . . . 102

PLANS ET COUPES ANNEXÉS

PLANCHE I

FIGURES.

1. — Coupe du puits Fontaine-Bonnard.
2. —   —   du Curier.
3. —   —   Sainte-Barbe.
4. —   —   Hagerman.
5. —   —   Micheneau.
6. —   —   de la Garenne.
7. —   —   Hottinguer.
8. —   —   Saint-Pierre.
9. — Coupe du faisceau charbonneux des puits Tréchards n° 4, Ouche, Souachères, Bois et Domaine.

PLANCHE II

Plan figuratif des courbes de niveau tracées dans la 4ᵉ couche.

PLANCHE III

Coupe par les puits François-Mathieu, Caullet et Mallet.

PLANCHE IV

1. — Coupe du puits du Petit-Molloy.
2. —   —   Saint-Georges.
3. — Coupe de la galerie Sainte-Barbe.
4. — Coupe du puits du Pré.

5. —   —   de Marvelay.
6. —   —   de la Brasserie.
7. —   —   Selligue.
8. — Coupe du sondage de Lally.
9. — Coupe du puits de Champsigny
10. —   —   Sainte-Marie (Comaille).
11. —   —   de Chambois n° 2.
12. —   —   —   n° 5.
13. —   —   d'Aligny.
14. —   —   Sainte-Marie (Millery).
15. — Coupe du sondage des Chaumottes n° 2.

FIGURES INTERCALÉES DANS LE TEXTE

                                                                   Pages.
Plan faisant connaître le mode de subdivision des couches (fig. 1)   11
Coupe de la couche n° 1 (fig. 2)   12
         —   n° 2 (fig. 3)   12
         —   n° 3 (fig. 4)   12
         —   n° 4 (fig. 5)   12
Coupe par les puits de l'Ouche et Hottinguer (fig. 6)   16
         —   Fontaine-Bonnard et Hottinguer (fig. 7)   16
         —   Souachères et Garenne (fig. 8)   17
Coupe Est-Ouest par le puits du Domaine (fig. 9)   17
Coupes par les puits Garenne et Micheneau (fig. 10)   18
Coupe longitudinale du bassin d'Autun (fig. 11)   96
Coupe transversale du bassin d'Autun (fig. 12)   96
         —   —   (fig. 13)   97
         —   —   (fig. 14)   97
         —   —   (fig. 15)   97

Paris. — Maison Quantin, 7, rue Saint-Benoît.

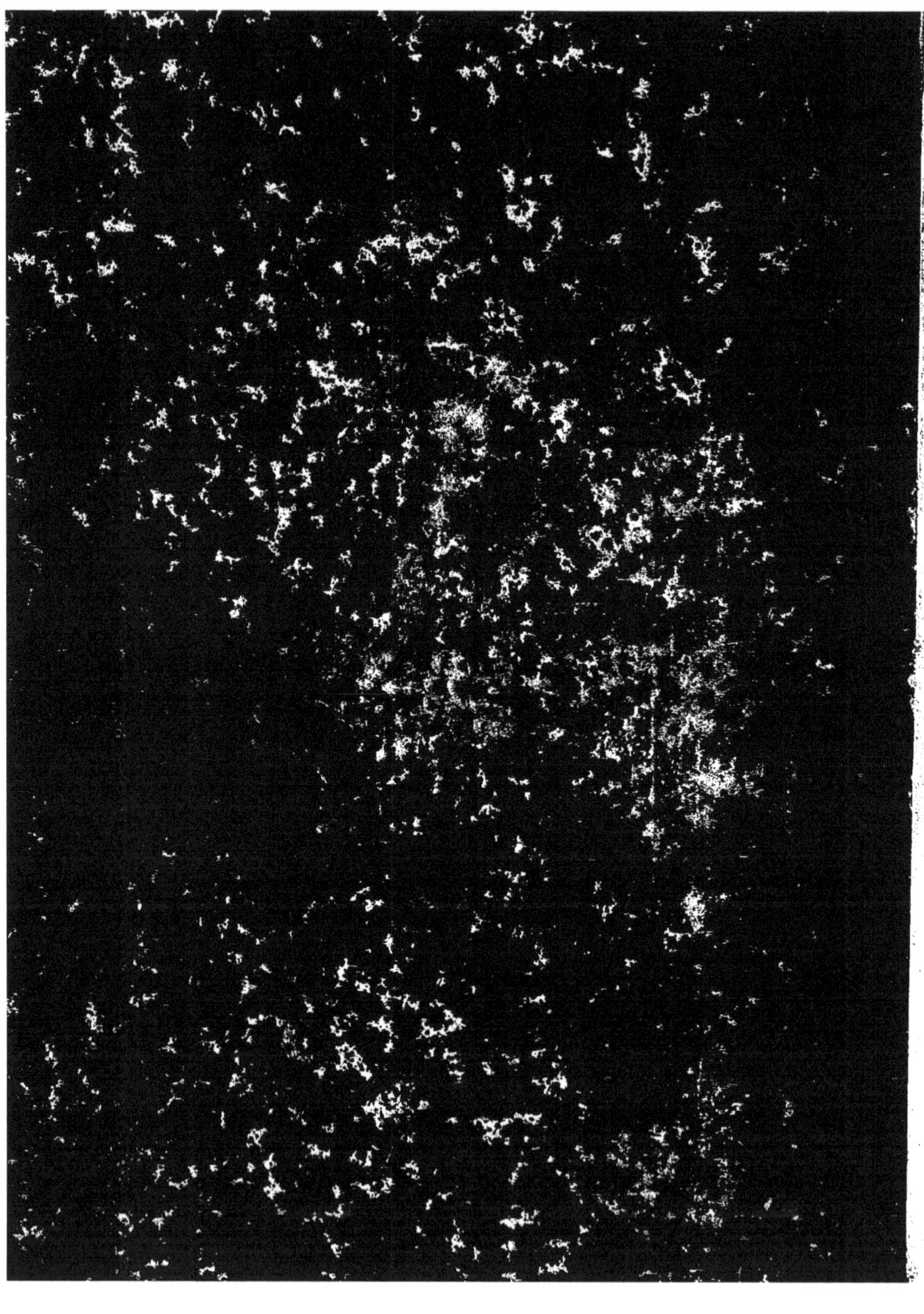